漫说合肥古树名木

合肥市哲学社会科学规划项目成果

王民生 著

中国科学技术大学出版社

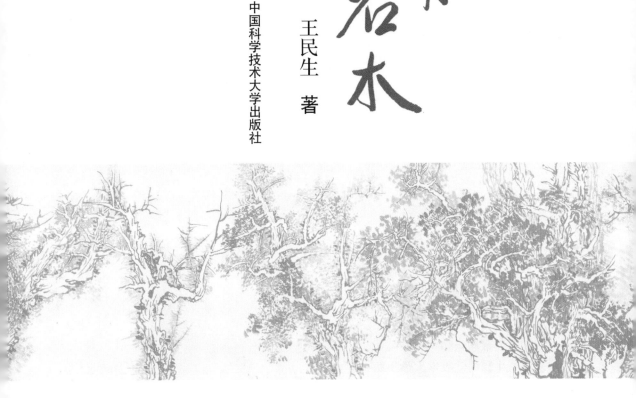

内 容 简 介

本书按照季节推移,从春到冬,选择合肥富有代表性的古树名木,对其生长特性等逐一进行详细描述和考证,有机串联、反映合肥古树名木的概况,充分挖掘古树名木背后的人文故事和历代保护情况,展示其影响等。本书对于宣传合肥人文历史知识和绿色发展生动实践,提高人们保护自然环境的意识,具有一定的促进作用。

本书适合大众阅读。

图书在版编目(CIP)数据

漫说合肥古树名木/王民生著. —合肥:中国科学技术大学出版社,2023.12(2024.4重印)

ISBN 978-7-312-05826-4

Ⅰ.漫⋯ Ⅱ.王⋯ Ⅲ.树木—介绍—合肥 Ⅳ.S717.254.1

中国国家版本馆 CIP 数据核字(2023)第 243255 号

漫说合肥古树名木

MANSHUO HEFEI GU SHU MING MU

出版	中国科学技术大学出版社
	安徽省合肥市金寨路 96 号,230026
	http://press.ustc.edu.cn
	https://zgkxjsdxcbs.tmall.com
印刷	安徽联众印刷有限公司
发行	中国科学技术大学出版社
开本	787 mm×1092 mm　1/16
印张	12.5
字数	224 千
版次	2023 年 12 月第 1 版
印次	2024 年 4 月第 2 次印刷
定价	50.00 元

自　序

——别有一番绿意在心头

1958 年，毛泽东主席曾说："合肥不错，为皖之中。"地理位置优越的合肥古树名木也很多，那是这方山水的千百年造化，城乡一处处惹人一步三回头的风景，是一个家族、一方百姓弦歌不辍的文化传承……

我出生在美丽的巢湖之滨，从小就对树木有着天然的情感，儿时不经意间在院里种下的一棵泡桐树，20 多年后成为打家具的材料。"千错万错，栽树没错。"走上党政领导岗位后，我对护树、植树更是情有独钟，于树为甚。2022 年初，我转岗到合肥市政协工作后，有了余暇，于是，从当年正月初三起，到 2023 年正月初二，一年时间里，每逢双休日，我便和爱人一道，抽出一天时间，自驾探访并记录合肥挂牌保护的古树名木。

"每周一树"意深切，一年下来，看了 50 多棵；大约每周写一篇与古树有关的文章，积累起来，竟也有 40 多篇。成文之后，发给好友阅读，大家对其评价还不错，王能玉同志（市场星报社社长、安徽画报社主编）建议汇编出版。此议及文稿报市委、市政协、市委宣传部领导后得到肯定，认为这些作品有助于加深大众对合肥生态资源、古树名木及相关知识的了解，有助于深化大众对市情和乡土文化的认识，有助于宣传贯彻落实习近平生态文明思想。这些都使我备受鼓舞。

行行重行行，只缘绿意深。我之所以用一年多时间探访、记录古树名木，主要的想法：

一是圆梦。我在市政府工作时分管过园林建设，虽然做过一些有益工作，但有的还只是开头，也留有一些遗憾，受工作惯性影响，总想在余下的黄金工作时间里，把开头的事做完做好，让自己心安；我对古树名木保护的现状很清楚，深感需要借助社会力量将古树名木的保护持续进行下去，而这正是政协凝聚共识、民主监督的大有可为之处。事实上，正是因为我的举动，不仅使这些古树名木的保护得到强化，还催生、推动了相关县市政协的此类视察调研行动，这让我很有成就感。

二是科普。每一棵古树名木，都是大自然的生动传奇，其年轮、其枝叶、其花果都有着生命密码，蕴含丰富的知识点。借观赏、描述花木的基本特性、特征，学习一些古树名木的知识，既可使自己沉浸其中，"不知老之将至"，对外也是生动的知识普及，可让人们感受到，原来挺立于风口的饱经沧桑的古树名木的背后有那么多的知识，而这些知识就"长"在我们的房前屋后、大街小巷。

三是挖掘。每一棵古树、每一株名木背后，往往都有一个家族耐人寻味的家史，有的竟可以上升到国史的高度来认识，其背后都有一系列保护的智慧、韧劲和世代持续的故事。从某种意义上说，这也许是我们民族精神传承不绝的一个生动写照。我在深入挖掘古树名木背后的历史人文因素和人们的精心保护措施过程中，无数次被感动，也发誓要做这样的传人。

虽有这些好的想法，但要成文却非易事。因为我不是植物学家，连一些基本的知识都要反复学习才能搞明白，为此，我买了《树：全世界300种树的彩色图鉴》《中国古树》《安徽古树名木》《草木情缘》等，以及园林界前辈如梁希、陈俊愉等的传记类图书反复研读；我也不是历史学家，一些背后的传说，要找很多资料、找专家访谈，才能搞明白、连上线，得出自己的判断和结论；我更不是作家，没有如椽的大笔信手拈来，只能自我安慰，告诉自己"写出你的所思所想就是你的合格作品"，不敢和大师比，成为"中师"（我是中师毕业生）、"小师"作品也很有意义。

虽有这些不足，然而，我庆幸自己做过新闻工作、文秘工作，后来成为一名领导干部，而后者的最大优势是敏感与综合。于是，我把写作的重点放在综合贯通和提炼上，对所写的每一棵古树名木，既描述其自然属性，使其成为自然树，一般人大体能认知；又从人文、历史的视角，对其散落的星星点点的材料进行实质性印证和综合性串联，成文时去掉论证过程，直接将一颗颗"珍珠"串起来，放进"玉盘"，使之自然成篇，成为别有意趣的"人文树"。

当我沉浸其中时，既感受到绿色的魅力，盯着季节跑，数着花儿看；又陶醉于古树历史的陈酒般的醇香，无数次仿佛是在穿越时空与先人对话；还感受到人生如四季树木变幻的丰富，激发起对自然的敬畏、对生命的热爱，真是其乐无穷、物我两忘。

"老树空庭得，清渠一邑传。"树木的生命早于人类，是先有树后有人，树远多于人。目前合肥市登记在册的古树有2684棵，其中名木有12株。我现在所写的，只是其中的一小部分，相关工作才刚开始。未来，我准备继续这样美妙的行程，不仅继续漫说合肥的古树名木，还准备在退休之后，漫说安徽的、中国的古树名木，甚至是世界的古树名木。

此书酝酿已久，一年成集。在出版之际，谨向合肥市委、市政协以及市委宣传部、市社科联领导，向中国科学技术大学出版社的领导、编辑等表示衷心的感谢，他们的信任、鼓励和支持，体现着对一个特大城市绿色发展、优秀传统文化传承的宏阔视野和深邃思考；向谢宗君、凌海涛两位书画界名家表示衷心的感谢，凌海涛的题名、谢宗君的写生画(封面)为本书增光添彩。

令人高兴的是，在这本书写作期间，今年元旦，我的孙女王唐桉雅出生。这本书正好是送给她的一份礼物，祝福她茁壮成长，健康、幸福！

古树名木是大地的灵魂。爱护古树名木，就是护佑我们的家园，保护我们的历史与文化。

是为序。

王民生

2023 年 2 月

目　录

古树名木之一

愿得天下梅花香

合肥董铺水库边有一个美丽的植物园，植物园里有一个美丽的梅园，梅园里有一个纪念梅园奠基者陈俊愉院士的陈列馆。初春赏梅，历来是合肥市民喜爱之事。今年惊蛰那天（3月5日），我和家人一早起来，迫不及待地赶去赏梅，因为担心过了花期。但见到植物园园长周耘峰时，他宽慰地对我说："不迟，正好。现在正是惊蛰赏梅时。过早，含苞未放；迟了，落英缤纷。现在来得正是时候。"

正是万物复苏、春和景明时节，春风中还略带寒意。我们是从植物园的南大门进去的。合肥是1952年才成为省会的，大建设始于20世纪50年代。继兴建董铺水库后，才逐一规建动物园、植物园等。合肥植物园始建于1987年，原有近70公顷。2018年向南扩建30多公顷，绿化部分主要是新建的樱花园、豆科园、石榴园、乡土植物园等。一进南扩园区，只见稀疏的园林中，有几处花木迎春开放。其

愿得天下梅花香　　001

中一棵造型别致开着小白花的树，引起了我们的注意。树是新移栽的，2米多高，花瓣像缩小的头朝下的香蕉，通体洁白。上前一嗅，一股清香，看似梅花，但却不是——牌子上写的是"结香"。我们未在那儿多逗留，急切朝着主园区的梅园走去，因为我们今天的重点是来赏梅，提醒自己不要让乱花迷了眼，冲淡今天赏梅的主题。

"众芳摇落独暄妍，占尽风情向小园。"梅园在植物园东北部，邻近水库边。梅园始建于1993年，2008年扩建，2021年改造提升，现占地约90亩。栽植有160多个梅花品种共5000余株、20多个蜡梅品种共300多株，有"徽州骨红""洪岭二红"等安徽地方品种及"三河檀香""合肥素心"等植物园培育的获国际品种登录的品种。现在，梅园里香气袭人，各种梅花或含羞半露，或萼蕊全开，有艳丽娇俏的"粉红朱砂"，有萼似翡翠的"六绿萼"，有凌霜斗雪的"长蕊早玉蝶"等，引得市民纷至沓来。

"曾为梅花醉似泥""但愿天下梅花香"。梅园由"梅花院士"陈俊愉先生和夫人规划并亲手栽下第一棵梅花树。陈先生是我国第一个花卉院士，安徽怀宁人

（与陈独秀同村）。陈院士一生痴迷梅花的栽培和推广，被人赞誉"花卉院士""梅花院士"。合肥梅园就是由他主持设计的，至今还有当年他和省市负责人亲手种下的龙游梅，还有一棵他后来认养的六绿萼梅。在他逝世以后，为纪念他的贡献，后人就在梅园里建了以他的名字命名的陈俊愉广场，广场正中有一尊陈院士拄着拐杖的塑像。广场四周种满梅花。走进广场，只见三五成群的人搭着小帐篷在花香中享受着阳光浴。几个顽皮的孩子在雕像前追逐嬉闹，有个孩子还拉着陈院士雕像的拐杖要爬上像座，我善意地将他劝了下来，请他去周边赏花嗅香。

雕像东北不到几米远，就是当年陈院士手植的梅树。周园长告诉我，这是一株徽派游龙梅。古人认为"梅以形势为第一"。梅以曲为美，直则无姿；以欹为美，正则无景；以疏为美，密则无态。所谓游龙梅是对耐整形修剪、发枝力强的梅花，用棕丝扎、铁丝缠等人工技艺进行整形修剪，形成苍劲虬曲的造型，满足人们的欣赏观感。这株梅当年是从安徽著名的徽派盆景发源地歙县卖花渔村挑选而来的。当时交通非常不便，是通过精壮劳力肩挑手扛，跋山涉水，才得以运送出山，过程十分艰辛。一开始共栽植 13 株，后历经园区几次大规模改造，只留存此株。

站在梅前我静静品香，仿佛看到当时运输的情景，也仿佛看到陈院士等人培土浇水的情景。一晃 30 多年过去，这株梅花株高已达 3.7 米，地径 16 厘米，最宽处冠幅达 1.8 米。周园长如数家珍，自豪地介绍道，这是徽派盆景"游龙"式造型手法的典型代表，由小苗培育而成，非嫁接苗，树龄已达 50 年。该株品种为徽州当地特色品种"徽州台粉"。该品种属宫粉品种群，花大瓣多，每年二月底三月初开花，属中晚花品种。我来时正是盛花期，很多游人在那儿拍照。据介绍，当中国第 11 届梅花蜡梅展在合肥植物园举办时，陈院士再次携家人来到这里，对梅花养护进行技术指导，并亲自为该树培土。2018 年，该株手植树被列为安徽省古树名木，编号为 34010400002。30 多年来，作为国内植物园系统梅花数量最多、品种最丰富的植物园，该株梅花不仅是合肥植物园的代表性植物、梅园的著名景点，更是合肥植物园的标志树种，见证了植物园的发展与变迁。市民来此赏梅，多是冲着她来的。

我仔细观察，这株游龙梅树干从底部算起有 9 曲以上，恰似一条细龙盘旋而上，下部分枝条并不多，只是在第 3 折、第 6 折处，特别是顶部才发枝长叶，枝条上盛开着朵朵梅花。花瓣是粉红色的，变白的是花开稍长的缘故。从远处看，这株梅恰似一条龙身上缀满粉白的花直游云霄。当然，老干古梅，除了苍劲挺秀、生机盎然外，还有就是花香沁人了。

市民们到梅园赏梅，除了游龙梅吸引人外，另一个重点就是陈院士认养认种的另一株梅树。这是一棵六绿萼梅。所谓六萼就是六枚花萼片，花为黄绿色，花期一周。这株六绿萼梅就在游龙梅附近，那是陈院士认养的。原来 2008 年 2 月 8 日陈院士来时，当他看到有这一棵刚移栽下去不久的梅花时十分高兴。他对人介绍说，这是我最喜欢的梅花品种"绿萼"，我将捐款作为终身认养费，以此捐赠给合肥植物园。周园长告诉我，绿萼型梅花是梅花品种群中最清香馥郁的类群，皖南山区制作梅花茶，以绿萼梅为上品，在花朵略泛白、花未开放之际，采摘、阴干或晒干制成。这株六绿萼，花萼绿色，花瓣黄绿色，花期早，每年 2 月上中旬开花。屈指算来，这株梅花树龄已达 45 年。

我好奇地绕梅几周，目测她的芳形。六绿萼梅现已高达 5.5 米，冠幅 5.8 米，地径达 34 厘米。此梅主干定干点低，由五大主枝组成疏散开心型树形，其最粗分枝直径达 17 厘米。这里同样也是游人如织。我再仔细欣赏，发现上面的花并不多，褐黑色的树干上点缀着星星点点的小花。也许现在还不是观花的最佳时间，可能是在几天后。

在陈院士的带领、带动下，合肥梅园由小到大，一跃成为在全国数得着的梅园。这里早中晚期品种齐全。在梅园的前面还建有艺梅馆，那儿有一棵上百年树龄的"梅圣"——美人梅。这棵梅树是由梅花与红叶李杂交而成的，从浙江引进，开的花"真的像假的一样"，花期较迟（大约在 3 月中旬），一周后会开放，开时满树都是花。还有一棵正在盛花期的送春梅。这棵梅花树有 4 米高，花有上千朵，很红很好看。梅园内正是因为品种不同，花的形态和香气不同，初春正在上演着"你方唱罢我登场"的"春梅剧"。

"让园林里有梅花专类园，让寻常人家有梅花欣赏，将梅花推广到外国"，这是陈院士的人生理想。陈俊愉院士成就了合肥植物园梅园。但这只是其中的一个，在全国还有一些他设计和参与建设的梅园，如武汉东湖磨山梅园、北京植物园梅园、明长城梅园、鹫峰梅园，青岛梅园等。作为园林植物界泰斗、著名园林花卉学家、中国工程院资深院士，他一生为花奉献，为花奔忙，为花憔悴，与花同艳。他的感人故事，至今仍在激励着人们为祖国园林绿化事业而奋斗。

2018年元月27日大雪纷飞之际，我来到植物园检查除雪保树工作，植物园的同志向我详细介绍了陈院士的事迹，并送我一本《陈俊愉传》。这几天，我又将这本书细读了一遍，对陈院士更加敬佩。粗略算来，陈院士在中国园林界，特别是花卉界至少作出过如下的原创性工作，贡献巨大：

南梅北移第一人，实现了元代以来人们致力于"引梅过黄河"的夙愿；种间杂交第一人，选育地被菊及刺玫月季新品种，探明菊花起源，建立金花茶基因库进行繁殖；在梅花品种分类上创立了世界上独一无二的二元分类法，形成了花卉品种分类的中国学派；他和他领导的中国梅花蜡梅协会（中国花卉协会梅花蜡梅分会），1998年被国际园艺学会授权为梅花及果梅国际植物品种登录权威和机构，开创了中国人创建植物品种国际登录权威之先河；对国花评定的独特之见，倡议"一国两国花（梅花、牡丹）"，得到103位院士的签名支持；对西安、哈尔滨等城市的树种规划多有贡献，并建立树种规划的技术体系；改革开放之初，重提并力行大地园林化的理念；最大贡献是基本摸清了梅之家底；极力推进花卉产业化，早在1943年在四川大学园艺系任教时，就集股办起自立园艺场并亲任董事长；反对园林建设中的形象工程；提出传统名花产业化、中国名花国际化、世界名花本土化等。

"不要人夸好颜色，只留清气满乾坤。"陈院士把自己的一生挚爱献给了祖国，献给了家乡。他是那样地爱梅、爱花、爱国、爱乡、爱生活。在他眼里，花卉美丽，事业美丽，人生美丽，祖国美丽。他深情地说："平生爱梅。爱之深，望之切。越研究，兴味越浓；接触愈多，感情愈加真挚。深叹梅乃花之傲骨者，凌寒而独开；暗香远溢，芳香冰清；花中之奇葩，造物之奇迹。要让梅更好地为国人、为世界服务。"正是因为这份深情与执着，他才成为新中国第一批"海归"。历经人性波折，也从未动摇对祖国、对梅花的爱；他犹如一株傲立风雪的老梅，枝劲花犹俏，"不恁不求"，只把春来报。他一生痴迷学习和事业，2012年5月31日他身体不适，家人打"120"让救护车来到楼下，他央求家人说："再给我半小时，我的《菊花起源》书稿就修改好了。"这就是"梅花院士"花一样的人生！

家乡人民当然没有忘记他的开拓之绩。2008 年，在植物园内建立了陈俊愉院士陈列馆。此馆是一院落式建筑，面积虽不大，但馆藏文物十分丰富，浓缩了陈院士丰富的一生。在合肥为一个院士建馆这还是第一个，可见陈院士在家乡人民心中的影响力。桃李不言，下自成蹊。正是在陈院士的感召下，不少市民在植物园内认养了梅花。我徜徉其间，看到每棵认养树下都有一个铭牌。

合肥人爱绿种绿。合肥是全国第一批三个园林城市之一，现在正由"绿城"向"花样合肥"提升。历届市委、市政府都十分重视园林绿化包括植物园建设，前几年向南扩园 30 多公顷，这在主城区寸土寸金的地方拿出这么多地建园实属不易。向前追溯，20 世纪八九十年代打造的环城公园，更是成为教科书般的园林绿化典范。近期，正在原骆岗机场处建设相当于十个逍遥津公园大小的园博园。对此，若陈院士健在，他一定会竖大拇指的。

不知不觉中，我们已徜徉梅园 3 个小时。此时阳光灿烂，温度跃升，大地一片暖意。然而我们却意犹未尽，一步三回头。正是"初来也觉香破鼻，顷之无香亦无味。虚疑黄昏花欲睡，不知被花薰得醉"。此刻我们已是"梅痴"与"梅醉"了。周园长说，下周"梅圣"花开时请再来。我虽未回答但胸中已充满期待。

返回出门向南，抬头看到两个小土坡，猛然想起当年分管园林建设时，拟规划在此建设梅山，在这里广种梅树，与梅园相呼应。这个创意得到上下认同，至今虽未有大的进展，但我还是应继续推动此事的。赏花人本应也是种花人！■

（2022 年 3 月 10 日）

"望春"树前万木春

早春二月,"望春"花开。李鸿章家庙中那株 132 年树龄的"望春"树,今年竟引得我去看了两次。

李鸿章是中国近代史上一位权倾一时、毁誉参半的风云人物。他的出生地是合肥,故那时人们也以"李合肥"来称代之。100 多年过去,合肥人提起李鸿章,仍有些五味杂陈。我也是在转岗到市政协工作之后,才有更多时间了解李鸿章的一生功过是非,才更有兴趣去李鸿章故里寻踪觅迹。

记得前些年,有一次去新站高新技术产业开发区调研,听人介绍说,在李鸿章家庙处有一株 100 多年的白玉兰,相传是日本首相伊藤博文所赠,至今仍生长完好。忙完工作后,我当即赶到那里。那时已是初冬时节,大地一片枯黄。一进院子,乍一见这株白玉兰树,足有三四层楼高。但树叶已落,枝丫上零星挂着一些小果。树旁有一介绍牌,是省、市园林部门立的,应为可信。牌子上的文字是:李鸿章家庙白玉兰。

玉兰,别名白玉兰、望春花、玉兰花、木兰花,原产中国中部山野,是中国著名的早春花木,因它花开洁白,又能最早嗅到春天的气息,故名"望春"。从唐朝起,玉兰的花朵就被视为纯洁的象征,并且栽种在宫殿的花园里。民间传统的宅院配植中讲究"玉棠春富贵",其意为吉祥如意、富有和权势,其中的"玉"就是玉兰。

随行同志介绍说,这株白玉兰是李鸿章 70 岁那年,夫人赵小莲死后,其子李经方从日本回国时,时任日本首相伊藤博文所赠。当年李经方从日本带回来四棵属于白玉兰科的望春树,两棵种在夏小郢(后来的李鸿章享堂所在地),两棵种在家庙。其中的三棵均已枯死,留在家庙的仅此一棵了。经专家鉴定,该品种极为少见,合肥地区如今也仅此一株,被列为安徽省古树名木。该树树龄已超过 130 年,其树高达 7 米,冠幅南北长 7 米,东西长 4 米,树围有 94 厘米。经历百年沧桑,玉兰树树干已然中空，但枝叶却依旧繁茂。物是人非，百年古树见证了清朝的衰落和耻辱，见证了中国人民奋起反抗，见证了新中国的崛起。

这真是一棵奇树异花！一奇树龄如此之长，可能是李鸿章留在人世间的极少几个仍有生命之物。二奇伊藤博文这个李鸿章的冤家对头怎么会赠送这白玉兰？而李鸿章父子竟然还欣然接受栽在自家家庙里？这真是"历史之谜、历史之问"。可惜，那天我们来得不是时候，既没有看到开花盛景，又未找到能回答问题之人。于是，我便暗自打算，待来年初春时节，一定来此赏花。谁知不仅仅是工作忙的缘故，诸事牵绊，自那以后，又两年过去，还是未能成行。

但我仍十分关注这棵古树的管护。园林部门同志告诉我，省市园林部门已连续多年将此树作为重点管护对象，定期派人进行检查、养护、管护。原来，因为树龄太大，前些年古树已出现空洞化。2004年树干中空几近死亡，采用有关部门和专家的建议进行了修补，空洞部分的树干用水泥支撑，之后几年古树又重新焕发生命力，但随后却又呈病恹恹态。2009年只开了8朵小花，2012年却一反常态，花开几百朵，秋天结了很多红果。有专家担忧，这很有可能是树木衰弱的表现，甚至是"回光返照"。我一直对此甚为惦念。今春终于了结心愿。

2月27日上午，大地回暖，我和爱人便驾车去新站高新区磨店于湾寻树赏花。李鸿章的出生地是新站（旧为肥东）磨店群治村，至今那儿仍有一口400余年大旱不干、水质甘甜清澈的"熊砖井"。此处是江淮分水岭，历来缺水，有此井才有人聚。离此西南 2 千米左右，便是于湾。那是李鸿章母亲的归葬地。李鸿章发达后，将此作为家庙。原先这儿自然"红"极一时，不仅有皇帝的题匾，占地面积也很大，高岗下面有河塘，自然"风水"亦不错。然而，现在不仅不见老"庙"，断壁残垣也没有了，但家庙除了东侧这株"望春"树，还有两棵依然枝繁叶茂的蜡梅。离这儿不远处再向西南 15 千米，是李鸿章的归葬地（李鸿章享堂）。再由享堂向西南 15 千米是李府（李鸿章故居陈列馆）所在地。可见，李鸿章的生老死葬，都是围绕磨店这方圆几十千米布设的。

然而由于历史上的种种原因，加之大建设的浪潮，已让这几处的联系变得不大紧密。由于路不熟，我们到于湾社区竟找不到目的地，在那儿转圈，花了一个多小时。

上午 11 点多钟，我们终于赶到了那儿，找到李鸿章家庙旧址。打开大门，看到里面有几栋房子，只不过都是后来建的。其中一处是已建成的李鸿章史迹陈列馆，放着一些残存的碑石。这些都在我的意料之中，历经风雨哪会有多少文物能存，更何况它们的主人还背负着"卖国贼"之名？我只是急着要看硕果仅存的那株白玉兰现在怎样了。我们急切地走到大院的东北侧，见到了已历 132 年的白玉兰。

然而，令人大吃一惊的是：树干上的主枝丫都被截断了，与前年来看的大不一样。细细一看，原来是保护的缘故。陪同我的于湾社区干部小葛是本地人。他说，这里后来改为小学，他就是在这儿上的小学。当年，这棵树挺高的，他和小伙伴还爬树玩呢。现在的树干已空心，只留有圆柱形的躯干，主干以上枝条若不截除，白玉兰花既无养分可取，又怕树大树空招风而折断，于是省市林业部门采取了防护措施。首先是截干，然后做一些防腐处理，并给截后的树头盖了顶

"帽子"遮风挡雨。我远远看上去，现在这棵树酷似一个耄耋老人，戴着顶破帽站在荒野上。此时尚存的几个枝条上花苞正在孕育。我们不免大失所望。小葛说，估计一周后花会开，到时再来吧。我们怅然而归，顺便去看了李鸿章享堂。

又过了一个星期，3月12日植树节，我们急切地开车去于湾看那已开的"望春"花。当车子经过岳西路时，看到路两边的白玉兰、红玉兰、紫玉兰等早已迎春绽放。这次，"望春"没有让我们失望，但看后心里却很不是滋味。一进院，直奔树下，白玉兰果真开花了。

然而，这是何等不协调、令人辛酸的画面！白玉兰树足有三四米高，树冠直径约6米。整个树干都空心了，只留下树根、树根以上树干半圆形的树皮、半顶部实心状的被截后的新头。从东南方向看，犹如一根半圆柱形的树桩插在地上。在树干自地面2米处向东延伸三根枝条，再在3米处面向东、西、南各发三个枝杈。每个树枝上都缀着白玉兰，总数在40朵左右。每朵白玉兰纯白、肥厚，既洁白如玉，又有肉色；既像笔帽，又更像一个羽毛球。花瓣向上，与枝条结合得很紧，也许是怕离开母体的缘故，时有阵风吹过，但竟无一花凋落。我不禁惊叹：这花的营养是如何传递上去的？而花又怎么能依附枯枝而不落？

自然，这是古树本身生命力强大所致，也与园林部门的精心保护分不开。早在2014年7月，园林部门就以省人民政府的名义，将这株"李鸿章白玉兰"作为"安徽省名木"实行挂牌保护，编号为0003。相关部门和当地政府精心将保护工作落实到位，在树四周围了30平方米左右的围栏，兴建了排水设施，安上了实时监控系统，落实具体看护人、责任人等。特别令人感动的是，为了保护被截之后的树头，护林人员在树干顶部加戴了一顶帽子。这一戴是保护，但也戴出了一个新形象——一位饱经沧桑的老人孤立于田野上。

这株树之所以是"望春"树，不仅因为此树虽属木兰科，而且这种类型的木兰原在合肥地区仅此一株。每年农历二月初春，满树白花，花大且白，状如荷花，此时大地百花正在孕育之中，她是迎春第一枝。而今，虽然已过132年，但她仍在岁岁年年探春迎春中。

在大自然中，"望春"树是第一个迎春者、报春者。那么她的主人李鸿章呢？李鸿章是"少年科第，壮年戎马，中年封疆，晚年洋务，一路扶摇"。不管人们对他的评价如何，都改变不了他已在中国近代史上深深打上烙印的史实。

现在的李府（陈列馆）比较客观准确地反映了李鸿章的一生。里面既列举了李鸿章在中国近代史所创造的16个"第一"，如第一家大型综合军工企业（江南机器制造局），第一个译书机构（江南机器局翻译局），第一次官派留学生，第一家轮船航运公司，第一次设立电报局，第一次自建铁路等，也有李鸿章所签订的《马关条约》《辛丑条约》文本的摹印件。

这就是历史，而历史是不能否定的，评价应该客观、公正。梁启超评价说："吾敬李鸿章之才，吾惜李鸿章之识，吾悲李鸿章之遇。"李鸿章之才自然好理解，梁启超认为，李鸿章之才，在他那个时代，是绝无仅有的。作为洋务派的首领，李鸿章之识，自然与革命派的孙中山、维新派的康有为、梁启超等有代差。但这三者又是一脉相承、层层递进的。李鸿章之遇，则是一个衰落大国昏昏欲睡之时，"一个人独与一国独斗"之境遇。在那种情况下，他自然也只能充当"裱糊匠"的角色了。

正是从这些方面分析，我觉得，对于风雨飘摇中的清王朝，李鸿章又何尝不是一个积极向外的探春者、迎春者和护春者？只是由于"水浅而舟大"，爱莫能助了。在这个过程中，凡是与历史进步规律相一致的，他就做出了名载史册的功绩，如洋务运动，又如签订《中秘通商条约》《中日修好条约》等少数几个平等条约；而与历史发展规律背道而驰的，与民族大义相悖的，自然就留下骂名甚至是"卖国贼"之名了。

在留下众多骂名的条约中，国人最不能原谅之一的就是中日相关条约。而日方主导人就是伊藤博文。伊藤博文比李鸿章小 18 岁。但不打不成交，据说两人私下交往也是很多的，在甲午海战前两人就见过面，并有 21 次书信往来，虽然各为其政，但却在书信中互相倾诉在政治外交方面的心得，颇有知己之交的味道，只不过这一切在签订《马关条约》那一刻就已经彻底决裂了。正是因为私交还不错，因此李鸿章、李经方接受伊藤博文赠送的"望春树"就是可能的了。但李鸿章对于日本的刻骨之仇，也是有书证物证的。1896 年 9 月，当他从俄英美周游回国路过日本横滨时，因"马关议约之恨，誓终生不履日地"，拒不登岸。在李鸿章享堂处，原来放有李鸿章签订《马关条约》遇刺时所着血衣（现在仍放有摹制品）。可见，李鸿章对国事家事还是能分得清的。

"年少不知李鸿章，而今方知真中堂。"我在这株白玉兰树处，徘徊已久，不舍离去。这哪是一棵树啊？分明是一段历史，一段辛酸悲惨的历史在默默诉说。在这棵树北面，现在已种了由此株剪插育下的新树，大都已高至五六米，并且都已开花。由于气候的原因，由于城市绿化的开展，合肥的早春二月，早也不只是这一株"望春"报春了。早前植物园、匡河梅花也都盛开，赏花的游人如织。

由此我联想到，虽然我们现在的改革开放事业与李鸿章的洋务运动完全是两码事，并无多大关联，但历史是割不断的，作为历史唯物主义者，我们应该承认，这一段段历史的递进性、延续性。对历史人物的评价，既不能为尊者讳，也不应脸谱似的实施非白即黑的彻底否定。

正是因为这个缘故，我以为李府（故居陈列馆）最后结束语部分的展陈，邓小平同志掷地有声地向撒切尔夫人说的那段关于收回香港的反映中华民族强有力心声的话，可以转放在馆中李鸿章与英使窦纳乐所签《展拓香港界址专条》之后。我理解，这段话是特殊语境下的声明，完全正确，但并非完全意义上的对李鸿章的评价。这段话现在是作为李府陈列馆的最后定性语言，如改放到李鸿章与英使签约之后，既让人们看到，是中国共产党人洗刷了李鸿章旧时代的耻辱，又并不影响李鸿章故居陈列馆的主题。似可斟酌。

五

中午时分，我们返回。此时猛然听到地铁开动的声音，原来离这儿不远处就是三号线始发站相城站。相城，宰相成长之地。真是巧了。而三号线的终点站是幸福坝。这"幸福坝"三字一扫我们上午赏花怜木的酸楚。这株"望春"树历经沧桑，苦撑迎春。尽管保护到位，但毕竟树老空心是自然规律，它的寿命能有多长，我不敢断定。然而，"病树前头万木春"，看她的前后，看大街小巷上，有多少后来居上的白玉兰？由此，我也释然了。与这株树相对应，李鸿章的时代，往事不堪回首，史书不堪卒读，甚至当我读到签订卖国条约时，不禁拍案而起——你这个李鸿章啊，怎能这样？但历史毕竟是历史，李鸿章那个国破家亡、民族任人欺凌的时代早已过去。在中国共产党的领导下，东方巨龙已经腾飞。抚今追昔，寻芳探幽，我们应有大历史观，认真总结历史教训。面对先人，不管他的功与过，我们都应将其作为一面镜子，不时照一照。凡是有利于民族、国家的，就不因祸福避趋之；不利于民族、国家的就坚决不做。这是原则、底线，也是这株"望春"之树给我的启迪。

明年初春，我们还会前来赏花。但愿她能老树焕新机，岁岁年年花先开、花常开。◼

（2022 年 3 月 17 日）

春光锁不住　茶花已盛开

云南茶花天下名，安徽庐江汤池的茶花也很好，并且与云南茶花有渊源。这源于一个美丽动人的故事，得益于一个家族 578 年的保护，也得益于当地政府这些年来不遗余力打造"茶花经济"。

我曾经在庐江任县长、书记九年多。记得刚到庐江工作不久的 2007 年春天，有同志就向我推介，汤池镇果树村有一棵 500 多年的茶花，树高两层楼左右，开花时有上千朵。这棵树是由朱氏先人从云南带回来栽种的。这个品种与当地茶花不一样，树高、花多、香艳。这引起我的极大兴趣，很快便利用一个周末去调研。

果不其然，这株茶花树确实不同寻常。当时的果树村还有不少农户是平房，朱家也是这样。记得从院子西侧走进去，只见一个 40 多平方米的院后，是一栋三间夯土墙的瓦房。那棵神奇的茶花树就长在东屋与院墙之间。我去时正是茶花盛开期。只见五米多高的茶花树上开满茶花。茶花到底有多少，真是数也数不过来。可能是头天晚上风雨的缘故，地上落满花瓣，院内一片翠红。

我好奇地问，这棵茶花树是怎么来的？当地干部告诉我这有一个美丽的传说：

明正统年间，果树人朱关出任云南总兵。一天，他骑马路过滇池的云街，见一恶汉正当众侮辱一卖花女子，便出手相救，但却得罪了恶汉的亲戚云南巡抚。第二年，朱关虽任期未满，却因前事只得告老还乡。临行前，卖花女将一盆精心培育的茶花"大红宝珠"送给朱总兵，总兵带回果树在老家院中亲手种植看护。500多年来，朱氏子孙一直悉心保护。

如今这株"花坛奇葩"，仍存于老街朱氏小院内，距今有570年历史（植于明正统三年，公元1438年）。树干直径125厘米，树高5米多。每年清明前后，花开满树，鲜艳夺目。这棵与云南"大红宝珠"同根同源的山茶花，因为汤池特有的山丘形小气候和类似的土壤特征，便落地生根了。

听完这个故事，我向正在院里整枝的女主人问是否有其事，她笑而未答。镇村干部说，这棵山茶花朱家一直视为珍宝。前几年，南京金陵饭店出价10万元想买，朱家婉言谢绝。朱家守护茶花树历来有传统，已经守护了570年。我不禁大为敬佩。

也许是蒙祖上"荫德"，朱家每年用从树上剪下来的枝条插在院里进行育苗，然后去卖，一年收入近万元，这在当时也算是不小的数字了。我们那天去时，女主人正在院里育苗。也由此，汤池乃至庐江到处都有盛开的云南茶花。

一晃我离开庐江已7个年头，离第一次去看这棵茶花树也已15年了，现在的这棵茶花树咋样了，原先我们在汤池规划实施的"茶花经济"打造得如何？带着这个问题，2月19日一大早，我和爱人便踏上探木寻花之路。

汤池位于庐江西部，是大别山的余脉，山川秀丽，树木葱茏。有闻名华夏的温泉，王安石曾赞曰"寒泉诗所咏，独此沸如烝"。正是谷雨前一天，天气阴沉，大地略有寒意，受这一波疫情影响，路上车辆显得少了些，汤池这个著名的温泉度假区也显冷清。果树村位于汤池著名的"禅茶谷"的西南端，是远近闻名的美好乡村建设示范点。

一进果树村，我就看到村北一大片茶花育苗基地，那还是我在县里时推动镇、村兴建的。现在茶树已有几人高，开满茶花了。果树村我虽多次来过，但现在又变样了。今天走进村里，竟一时找不到想找的朱家。但见整洁的村前屋后，家家都种了茶花，并且正在盛开，争奇斗艳——好一个"茶花村"！在一处院墙外，我们看到一棵茶花树干很高，已超过院墙，树冠也很大，茶花缀满枝头，误以为这就是朱家茶花树。正想走进去，恰好迎面来了一位大姐，一问还不是。她知道我们来意后，便引我们来到了朱家。

朱家我过去来过几次，对她家的房屋方位、茶花树位置是熟悉的，满以为马上即可一睹花容，可惜今天来得不是时候，女主人上山采茶了，要到中午吃饭时才能回来。我们只得站在院的西门，透过通透式院门，从外向里看花。我决意等女主人回来再进去好好欣赏，但爱人等不及了，说先拍几张照片再说。她便站在院墙西门将手机伸进院门拍摄。

我一边看着古茶花树，一边对照着记忆，看看这10多年未见的"老朋友"有没有什么变化。仔细一瞧，外部环境大变样了，原来的老房子拆了，盖了新楼，楼房盖在院子的南面，而老宅拆后地基变为院子了，那棵茶花树东边的院墙仍在，只是土墙变为砖墙了，树的西边腾出了新空间。这样，茶花树的生长环境更好了。记得当年户主不让移卖的一个重要原因是，这个茶花树有特殊的喜阴的环境生长需要，因此东边的院墙一直不让动。

再细看，古树本身变化并不大。依然是三个大树杈，上面缀满了茶花。也许是花多的原因，朝南那一花枝已坠地，为了防止树倒，几个树干边特地作了支撑。在中间那个主干上，一个"福"字挂在上面，分外醒目，再上面是一个保护铭牌。左边那一枝干已出现些许空洞，但并未影响其上的枝繁叶茂花盛。地下一如过去所见，落红缤纷，犹如刚放了满地的鞭炮。——无论从哪个角度看，都充满了喜气。这正是这棵古树吸引人的地方。

我们一边沿村看花，一边等女主人回来。走出朱氏家院向西，便是当年规划建设的茶花广场。广场上栽下的上百棵茶花，也都三四米高并且都已开花。我们靠近去赏花，真是美不胜收，大饱眼福。茶花是喜庆之花，在绿叶衬托下，茶花一律是艳红色的，多为2层7瓣，花心是金黄色。这绿色、艳红、金黄配在一起，多么的艳丽、喜气和富贵，这就是我和人们都喜爱茶花的缘由。我们从地下捡起两朵完好的花瓣，放在车前挡风板上以作纪念。回来查了一些资料，才知这类茶花，花色极为艳丽，是典型"中国红"。

建设这个茶花广场的提议很早。记得当年我第一次看了这棵茶花树后，便决定要大做茶花文章。其一是提请政府研究决定将茶花作为县花。其二是想动员朱家将房子让出来，由政府收购茶花，并以此为重点，打造茶花景点和茶花广场。其三，组织育苗，建立苗圃基地，在全县特别是汤池大栽茶花。其四，发展"茶花经济"等。

后来由于朱家不同意出让茶花树，第二个想法便作罢，其他各项工作都已按计划实施。特别是打造"茶花经济"已取得初步成效。如姚庐生新建的茶花园有500亩，种植了"大红宝株""皇家天鹅绒"等230多个品种共210多万株茶花。他们不仅种花，还提炼茶花纯露等，前年销售收入已达 800 万元。一朵朵山茶花成了"致富花"。

现在想来，当年朱家不愿卖树是正确的，政府没有强人所难也是明智的。但时间过了这么久，朱家除了老房换新房外，其他看上去没什么动静，我不免觉得有些可惜。我本想等女主人回来进去看花，再和她聊聊近况，谈谈我的想法，可惜接到一个电话要我即刻返程，我们今天只能隔窗看花了。

我想要与女主人聊的话题是，保护好祖产当然十分重要、无上光荣，但也应该考虑，以此成景，发展家庭茶花旅游。这棵"大红宝株"是祖上留下的无价之宝，更应转化为源源不断创造财富的传家宝。这棵古树该有多大的旅游开发潜质啊，为什么不加快开发？由此联想，与欧美发达国家比，我们的家庭旅游发展差距很大，"家族经济"也未曾打造多少。这不能不说是我们民族的一个整体性缺憾。须知，一个家族特别是名门望族，本身就是一项大资源，极具开发价值，后世子孙可以吃这"祖宗饭"。

回想我去法国阿维尼翁参加葡萄节时的情景，更坚定了我这方面的想法。那一天，我们先去看一个家族葡萄庄园，这个庄园有五六百年历史，占地也不过几百亩，但后世子孙代代守护，精心呵护属于家族的葡萄酒品牌。这就是十分典型的庄园经济。当天傍晚举行的葡萄酒节开幕式，更是让我们领略了不同的庄园经济风采。只见每家庄主都穿上自家家族的古老服装，开车满载自家酿造的葡萄酒，敲锣打鼓来参加葡萄酒节。这是歌唱劳动和丰收的快乐时刻，也是展销美酒的良机。

类似的庄园经济，我们为什么不可以打造？现在朱家大门紧锁，锁住的不只是春色，更是家族经济、茶花经济的发展。类似的大门还有多少掩着，值得深思。乡村振兴，不妨从打开这一扇扇大门开始。▇

（2022 年 3 月 20 日）

绿色满园四季青

古树名木之四

接到去省委党校学习两个月的通知，我十分高兴。高兴的不只是又有一个学习的机会，还有一个能饱享党校这从春到冬无时不有、无处不在的浓浓绿意的机会。

省委党校的绿化是出了名的。记得我2007年春第一次来此学习时，就被主干道上的香樟树林所震撼。这是我在皖中地区见过的少有的高且密的香樟树带。在路上漫步，只见两边香樟枝干从东西两端向空中伸展、联结，直至遮云蔽日，恰如一个绿色"穹顶"从天上盖下。后来又多次来此短训，早晚散步，恋恋不舍，真是一步三回头。

我们这一期是3月6日到校的。此时正值早春二月，乍暖还寒。来到学校，不出意外，满眼自然是香樟树的"四季青"。让人眼睛一亮的是，宿舍楼前成排的白玉兰、紫玉兰正次第打苞、开花、结果，"先花后叶"。我不禁精神一振，感觉我这次能全过程观察到党校树木花草的成长过程了，我要仔细观察、好好享受。

可不，一晃 20 多天过去，正是"桃柳着装日日新"的仲春时节，3 月 29 日中午，我注意到楼前几棵白玉兰树上的花，依然挂在枝头，只是颜色已由纯白变得灰白。而门前那一棵紫玉兰，已完成"先花后叶"的历程。花谢之后，转瞬光秃秃的树枝上，叶子已成片长出，与其他树种相比，几乎看不出是后发的。我对白玉兰、紫玉兰、红玉兰"先花后叶"的习性与特征算是完整体会了。

春是绿的使者，绿是人的幸福。习近平总书记指出，"环境就是民生，青山就是美丽，蓝天也是幸福"。住在省委党校真是幸福啊！满园的绿色，满满的负离子，呼一口气都舒畅，晚上还睡得特别香。我每天早中晚在校园走动，都痴迷般在找寻树的发芽、花的萌动。记得刚来那天，楼前的白玉兰才开花，而红玉兰刚打花苞。3 月 14 日，已看到成排玉兰树上的红玉兰花盛开了。3 月 15 日去学苑大厦报告厅，看到一棵长着小白花的树，用"形色"软件鉴别，原来是早樱。中午在去食堂的路上，看到一棵紫荆也已开花。3 月 21 日阴天，寒风凄雨下，只见紫玉兰花仍在风雨中紧咬枝头不忍离去。这样的美景真有点醉人的感觉。

当然，香樟树一直是党校校园绿色的基础和最大亮点。讲党校绿化，自然少不了唱主角的香樟。香樟是常绿树，无论何时来校，总是绿满枝头。不过这几天，我发现很多大的香樟树上，新枝猛然发出不少，在灰暗树干的衬托下青绿新皮一眼就能识别出来，原先被截的枝头上也已发出绿叶来。香樟树本来并不很适宜在合肥地区种植，只是这些年随着气温升高才陆续引种。但这么大面积种植，并且长得如此之高，又集中在一个校园内，在合肥并不多见。1 里（1 里 = 500 米）多长的校园东干道上两排十米左右高的香樟树，早已声名远扬，抬头向上望，如若戴着帽子，可能是会掉下来的。也许是当年的故意密植，追求"高大上"，香樟树拼命地向上长，显得挺拔而干练；不仅如此，抗风雪的韧性、恢复生机的能力也很强。2018 年元月 28 日，大雪纷飞，我到党校查看树木雨雪受灾情况。当时看到不少香樟枝丫被折断，十分心疼。但一同来的林园局的同志安慰我说，不要紧，明年一个夏天就会恢复过来。果真，第二年下半年，当我再次来党校短训时，根本就看不到原来残枝断叶的模样，大半年时间新枝就盖过了风雪之夜的摧残。

党校的绿化很有讲究，主次树种选择层次分明。如果说香樟是党校第一标志性树种，那么，从大门进来的路两边的法梧（悬铃木），就是第二标志性树种了。这些大树都有几十年的年头了，根部发达，腰部粗壮，但头部已被截干，树腰以上的枝条倒也很多，这几天也都发绿、长叶。第三标志性树种则是校园西北角的三角槭、青檀、枫杨等的组合，这些树长相差不多，一般人看不出什么异同，我也是用"形色"才分辨出来的。这块林地有好几十亩，显然也是当年成片栽种的。这些树足有四五层楼高，也应有几十年的光景吧。

党校的树虽然树种集中，但也夹杂几种其他树种，如雪松、黄连木、鹅掌楸等。行走之时，猛然发现，独木秀林，不禁令人眼睛一亮。特别是水杉有几处保护得很好。在东区小花园有两棵大水杉，高度足有六层楼高。这两棵水杉在合肥地区也是少见的，用"水杉王"称呼可能并不为过。更奇的是，我竟然看到一棵构树。构树是前些年推广的"扶贫树"，因其长得快，叶子可作饲料而被推广，但也有吸水过多的问题。我曾经请林业部门研究过，是否可以在我们这儿推广，想不到在图书馆前就有一棵构树，令我十分惊喜。今天中午我再次观察时，树上的叶片已长出来了。而臭椿、石楠——这些名声并不好的树，竟然也在球场边看到，让人感受到园丁们的宽容。

党校是绿色校园，一开始我还以为花少了些。今天傍晚一走，改变了我的印象。在球场东北角处，十几株映山红正在盛开。更令人惊叹的是，校园主楼广场东边前几年才堆的小土坡上，竟沿着上下坡路两侧种了几十株映山红。夕阳下，这万绿丛中的几点红，既让校园"红"起来了，有画龙点睛之感，又使人联想到人民江山的红色印记，实在是匠心独具，巧然天成。

前人栽树，后人乘凉。绿色校园自然不是一日之功，我很想对校园绿化史一探究竟。我住的宿舍楼前不远处就是花房，每次走过都想进去看看，但门却总是锁着的，只是不时会看到辛勤的园丁们在里面、在校园各角落处忙个不停。前天

中午午饭后，我信步走到东南小花园，四位老人家正围坐在小石桌前"掼蛋"。我上前询问，这香樟树是什么时候栽的？一位老人家自豪地说，（20世纪）80年代，我一来时就栽了。另一位老人家搭话，树长这么大可不容易，每年都要施肥。确实，正如罗马不是一天建成的，党校的香樟林等也不是一天长大的。如此美好的绿化背后，一定是有心人的精心设计，一定是一代代人的传承和呵护。我在寻思，如果要评选建绿、护绿的模范单位，党校肯定是"标兵"。正在这么寻思着，这几天，我在党校教学楼前西小花园，看到一棵被保护的法梧，印证了我的想法。

那是一棵垂危欲倒的树，整个树身向东南倾斜，根部以上一米左右还是好的，中部以上就是半圆柱形的空心状了；主干南北分离处有一小干，只有尺把高，呈暗黑色，上前仔细一看，已是朽木了。主干以上两米处虽是半空心状，但再向上到树头，却有半尺左右的实心。正因为如此，树的营养还能上达，树还有生命！树头上有一左一右两个枝丫，活像一个姑娘头上的两根长辫子，翘向空中，而这两根枝丫上的树叶也已发出来了。为了保护这棵树，园丁们在根部用篾竹围了半圈；在东南方向置了两个大的钢撑，反方向地支护；在西南、正北处拉了两条钢丝，作为防倒的拉护；树干半空处似乎灌了泥浆。真是煞费苦心！

"春眠不觉晓，处处闻啼鸟。"绿色党校就是这一诗情画意的真实写照。满眼的绿，满天的清香，满满的深睡眠，有种久违的感觉。有几次早晨竟被叽叽喳喳的小鸟吵醒，原来鸟儿们正在楼前的白玉兰树上啄花进食呢。

春天的校园每天都在变化，红花绿叶，校园的春天每天都在随绿成长。每当早晚我学习之余在校园散步时，除了盯看玉兰花的"先花后叶"，还在寻找、比较每天一花一木的萌发。上周，我惊奇地看到严肃古板的水杉也发芽了，而红叶石楠也由"半羞半涩"变为一片红了。松树已经发叶，只是油桐好像还一叶未发。我每天都在如画风景中欣赏着、期待着、惊喜着，胸中充溢着对绿的满足和发现新事物的冲动。这样的寻找和期盼，有些如青春期的萌动。这一切要感谢组织上安排的学习，让我们在新冠疫情如此严峻的时刻仍心无旁骛地读书；要感谢党校的教学、党校的绿色，让我找到了年轻奋进的感觉和快乐。

绿色多美好，我爱党校这片绿色校园。只是学习时间是短暂的，还有一个月我们就要返回了。虽然我们此刻急于重返工作岗位，投身抗疫和本职工作中，但一想到当我们离开学校时，那会是绿意更浓、万紫千红的闹春时节，我还真有些不舍！■

（2022 年 4 月 4 日）

朴树张辽逍遥津

要论合肥最古老而又最新的公园，无疑是逍遥津公园。说古老，是因为此处原为南淝河的渡口，百多年前建园，新中国成立后改扩建为人民公园。说新，是因为去年进行了一次"最合肥、最文脉、最生态、最时尚、最人气"的综合改造提升。

要说合肥逍遥津最能打动人的，当然要数1807年前发生的"张辽威震逍遥津"了。正是因为这一战的两次以少胜多，既保证了合肥城池安全，又为三国鼎立局面的形成奠定了基础。

要说合肥公园中古树名木最多的，可能又要数逍遥津。据普查，逍遥津共有挂牌古树34株，其中有榔榆、麻栎、广玉兰、银杏等。而名列其中树龄最长的竟是一棵有着308年历史的国家二级保护古树——朴树。

5月3日下午，正是"雨频霜断气清和，柳绿茶香燕弄梭"的暮春时节，我去逍遥津探赏这棵古朴树。

逍遥津公园我是熟悉的，在市政府分管园林工作时，还多次来调研过。本以为疫情之下游园的人不会很多，谁知正好相反。5月3日下午两点多，阳光灿烂，气温略有些高。公园大门口人头攒动，但排队验码进园倒也秩序井然。这天既是"五一"小长假假期，还是合肥疫情防控从应急化处置切换到常态化防控的第一天。这一天，工地全面解封。5月5日起，在肥高校也将有序解封。阳光照在人们身上，笑意写在市民脸上。我和大家一样，心情分外好。

一进大门，迎面就是威震逍遥津的张辽跃马横刀像。这是合肥市民都熟悉的城市"保护神"标志像。两旁林荫道（现名为逍遥大道，长190米）各栽种20棵左右的法梧（后实测共38棵）。法梧分枝点在两米以上，因而显得挺拔向上，正合张辽像兵阵状的背景。这些法梧应是20世纪80年代新栽的，至今也已经四五十年了。在逍遥大道的北头有7棵侧柏，树龄也很长，但未形成柏林，因而张辽像的背景树化为一种郁郁葱葱的生活化的意境。

朴树，位于逍遥大道西北角200米左右处。一路走一路是树，一路是花草，但我们无意久留。在公园的西北角处，终于看到了这棵朴树。朴树位于牡丹园西北侧一处占地200多平方米、高1.1米的地台处。我们第一眼是由东向西看到她的。正面端详则站在树前小路边，从北向南细看。这棵朴树的树根被土垄起，在树根围了一圈。树干足有2.5米以上，分枝点处东西两大枝显得很长很大。现分枝点高度，南2.84米，东2.63米，北2.51米。

走到南面正向看，不难发现，原来树干中央有一个树枝，显然是被截断的。原来，2008年前，这棵古树已是庞然大物，有3个主枝9个分枝，树高18.5米，平均冠幅23米，主干直径936毫米，胸围2940毫米。可惜的是，2008年特大雪灾，积雪压断南向侧枝，留下"碗大"的树瘢。真是应了"人无十全，树无九丫"。

经此一劫，整个大树，从底部到上呈一个略向东斜的"Y"形；从树干中间向上，又呈一个"V"形。这倒是一个令人回味的树形。

朴树是落叶乔木，树冠呈扁球形，是自然形成的，很美；树皮平滑，呈灰色，分布于秦岭—淮河以南,合肥更是理想之地。朴树是乡土树种,这棵树当年是怎么栽的,抑或是自然生长的,不得而知。朴树既开花又结果,还可吸废气,是一种有益于人类的宝树。只是花很小,一不留神,小柿子般的果子就出来了,未成熟前是灰色的,成熟后带红色。可惜我来时花已开,只看到满树的嫩叶、青涩的小果。但不管怎么说,朴树的生长环境一定很好。仔细看,果真如此。

从东向西北角走去,过桥即可看到一大片林木,东临牡丹亭小池塘,周边是一大片稍矮的小树林,有槭树、桂花等,水边是成排的水杉。南边是几十棵法梧、雪松、枫香树;西南侧有疏林草地,西边是成排的雪松。北边有香樟、石楠、广玉兰、青桐、池杉和黑松等乔木,构成防风屏障。朴树就正位于这四组树的正中,生长环境极佳,生态群落完整。从阳光照射来说,是"只见朝阳少见夕阳",可防暴晒;从防风、防寒来说,正北方向有香樟、石楠等;从林相互补来说,大多为本地的乡土树种。正是在这极佳的生长环境中,这棵朴树才傲然生长 308 年至今仍青春勃发。

为了保护这参天大树,东西两边各用两根钢筋支撑,在东边还用两根钢筋护卫着另一个分枝。为了保护朴树的生长环境,西南边的草地广场与其相距足有20 多米。不仅如此,去年公园改造提升时,还将朴树周边围栏更换为 1.05 米高、围合面积 32 平方米的云纹汉白玉围栏。为了保护古树,一遇风雪,园林人便整日整夜在树下守候。现在,围栏之外还新布置了一个石桌和几个石凳。此时,几个市民正在这儿歇脚、聊天,好不惬意。一对年轻父母正在树下,领着孩子在读有关这棵朴树的文字介绍……

由此向北,过桥就是张辽的衣冠冢了。逍遥津公园以水见长,湖中有三个岛,张辽墓即在其中一个岛上,足见张辽在合肥人心中的位置,他既是中国古今 64 名将之一,更是合肥这座城池的"保护神"了。当年魏吴争霸,合肥是兵家必争之地,孙权六争合肥而不得。其中,最有名的就是公元 215 年的张辽大战孙权。这段历史,《三国演义》描述得极其精彩:

其一,合肥冲阵。当孙权率十万大军大摇大摆来到合肥城下,张辽竟率 800将士打开城门,冲击东吴的十万大军,一直冲杀到孙权的主帅旗下。东吴猛将陈武被斩杀,孙权丢掉主帅麾旗,逃跑到山冢,东吴军队全都披靡溃败,望风而退,闻风丧胆。在此一役,张辽何其英豪!张辽"被甲持戟,……大呼自名,冲垒入,至权麾下";"辽叱权下战,权不敢动"。

其二，津北交锋。张辽率领追兵，再次击破孙权、甘宁、凌统等人。孙权蹴马趋津，跳过断桥，才免于被活捉。在此一役，张辽何其英睿，抓住吴军主力与指挥系统分离，实施断桥斩首行动。幸天不亡权，孙权潜力迸发，骑马越过小师桥，留下"退后着鞭驰骏骑，逍遥津上玉龙飞"的惊天一幕。

经此一战，张辽威震江东。"张辽止啼"成为民间流传的传奇典故，甚至日本民间也一度流传着"辽来来（辽来）"的俗语。

创造历史的张辽已远去多年，而合肥人民没有忘记他。在墓园前有一副对联写得很好："大败孙吴十万众史载奇勋，勇麾曹魏七千兵古传佳话。"现如今此墓园保存、维修完好，特别是墓边还长出了两棵树，一为枫香树，一为梓树。

张辽是以少胜多的战神。而离其墓园不远的朴树造型是"V"形，周边的香樟等也是向上的"V"字复合造型，因而，我猛然将朴树与张辽的逍遥津大捷联系到一起。在这里，我仿佛看到有一股英雄豪气在林间升腾。走在公园里，不仅享受到了绿意，更油然增添了一股豪气。

自古以来，人们对保家、守城的人充满敬意，合肥人对张辽自是一例。在由逍遥大道到"朴树园"（我姑且称之吧），竟然还有一个鸡毛信雕像。这也许是公园建设要被赋予更多功能的缘故，但那也是一个保卫疆土的主题，与逍遥津公园亦很契合。护树，才有今天的朴树一枝独秀；护城，才有今天人们对张辽的敬仰。因此，去年合肥市对逍遥津公园进行维修时，更多地恢复了历史性内容，让人们在游园中增长知识，记住为这个城市拼过命的人。

护树、护城，共同的主题是爱护、护佑。推而广之，我们党和政府现在所做的一切工作，不也是护城的真实写照吗？就拿这次抗疫来说，合肥交了一份很好的答卷，市民的幸福感更强。刚看到一位网友感言：合肥从 4 月 18 日发现一家庭 5 人病例，到 4 月 24 日在管控区发现 1 人病例，共 7 天时间，再未发现新的病例。又用 7 天时间进行区域性筛查和观察，又未发现新的病例，于是 5 月 2 日正式对外宣布，全市疫情防控从应急化处置状态，转变为常态化防控状态。网友感慨，合肥疫情防控呈现出：党用心，民用心，万众一心；你的城，我的城，众志成城！

护树，树才能枝繁叶茂；护城，这个城市才能绵绵不息、生机无限。

临别，我们返回到逍遥大道东北端，那儿正是当年孙权纵马跃桥脱险处，现名为"飞骑桥"。历史硝烟早已散去，这成了公园里一座很普通的桥。此时，游园的市民仍络绎不绝，放眼向西南望去，"大白象"滑梯处，传来孩子们欢快的笑声……▆

（2022 年 5 月 3 日）

古树名木之六

历经火劫槐为「国」

长丰县义井镇车王村有一棵 600 多年的古槐树，树龄名列合肥古树第三。今慕名而去，一开始还不禁有些失望，与想象中的古树大相径庭。

这棵古槐离合肥市中心约 60 千米。从市区经阜阳路高架一路向北，再经蒙城北路，一个多小时就到了。此时正是"绿秀江淮万木荫"的初夏时节，一些田地里正在收割油菜，而小麦也孕穗待收，空气中散发出一股绿香，好一派美丽的田园风光。到了车王村地段，路东边是一个疫情防控检查站。向站内同志打听古槐树的位置，一位同志手向东一指说，一直向东，开几百米就到了。

车王村一看就是一个大中心村，沿途村庄环境整治得很好。不到五分钟，车就到了村中心。那儿有村小、为民服务站等，但还未见到神往已久的古槐树。再打听，知还要向东南方走小一段路才能到。于是，我们便将车停下来，又向东南方向走了近 200 米才赶到。

车王村现在是美丽乡村建设点，原先是一个小乡政府所在地。村庄在蒙城北路大道东侧，林路向东与向东南两条街道的交叉口，正是国槐所在地。

第一眼看到国槐，一点不惊奇，甚至有些失望。从北望去，此树并不高大，矮墩墩的，树的周围是水泥路面，树的下半身像是被埋在地下，树干、树杈倒很遒劲，树叶也很繁翠。远看，就像是一个大的根雕盆景陷于地中。

再走近一看，更觉奇怪。站在与街平行等高的树旁，树的四周有个 4 平方米左右的围合，周边用木栏护着。站在栏杆边低头向下看，是一个深坑，足有一米多深，那儿隐藏着树根。树根向上是树桩，抬头向上看，地平线上树桩足有两米多高。而上面的枝叶却郁郁葱葱，长势和其他树木无异了。在树的东南角，直立一根铁杆，铁杆将树干、树枝用铁丝紧紧吊着，显然是起防风作用。而大树全身则被两道铁箍护着，箍中间用螺丝紧紧拧着。

怎么会如此保护？树根怎么离地面这么远？真有点百思不得其解。我们在街南头找到了一位老人家。老人家今年70多了，名字叫王化领。他刚好吃完午饭，听说我们来看古树，很乐意给我们当向导。于是，为我们解开了这个谜：

这棵古树可神奇了！听说有1600年历史（其实认定622年），传说是我们祖上从江西瓦屑坝移民过来时带来栽的；也有说是这儿庙内的一位和尚栽的，庙现在已不在了。不管传说真假，反正我们小时这棵树就已经很古老了。你从水泥地面朝下看，那下面是树根。树老了，就空心。你从上向下、从南向北看，那是树洞，小孩子可钻进去呢，我们小时候就经常钻到那儿玩。因为是神树啊，所以老百姓有什么喜事，有什么祈求，都到树洞下来烧香。哪知60多年前一场大火差点把树烧死了。

老人家继续回忆道：

我记得火是夜里烧起来的，我那时还小，大人忙救火，我站在旁边看。当时树离房子很近，周边供销社放着农药，很危险，农民的房子全是草房。我来时只看到一团火，从树中向天上烧，老百姓都从家中用盆子端水来灭火。当时交通不好，还未等消防车起来，火已被扑灭了。

事后，村里人伤心极了，担心树会被烧死。万幸，火是从古树里烧起来的。奇了！古树大难不死。第二年，新芽又发出来了，慢慢地在树干上又发出了新枝。从那以后，人们更觉得古树神了。当然，再烧香时，谁也不敢再接近古树了，而是离得远远的。

我终于有些明白古槐大难不死的原因了。但现在为什么又这样保护呢？在这看似"囚禁"的背后，又有怎样的保护的故事？

正在此时，有几位民工好奇地走过来，加入我们的古树探秘。他们是附近寿县的，在这儿搞装修，领头的这位老兄五十好几，小时候就经常来这里玩，对古树很熟悉，他们对古树保护现状一看就明白。于是，我们几个人边听老人介绍，边围着古树仔细琢磨当地是怎么保护古树的。

老人继续向我们介绍说，原来这棵树位于小河边，这下边低着呢。后来修路，两边便抬高了。前些年，为了保护这棵古树，在专家的精心指导下，县乡村和林业部门很注意保留、恢复树根生存环境，为了与整个街道抬高一米多相一致，便在树根四平方米的范围内，抬起来做了一个地下保护空间。这个平台与路面齐平，因此一眼看上去树像是被下埋，其实这与路相平，树根以下未动，从上看又像是挖了一个掩体，还往里面施了不少养分呢。

对枝干进行保护自然是古树保护的重点。那位寿县民工兄弟很内行，他指着树说道，你肯定注意到了树的东南边这根三米多高的铁杆，它是整个古树的支撑。以它为中心，向树旁拉了几根铁丝，再将树腰用两道铁箍吊着。正说着，另一位民工大声叫道，快看，树的肚子里还有一根铁丝呢。原来从树洞向上埋了一根细铁杆，再向上与其他铁丝联结在一起。

为了保护古树真是煞费苦心了。不仅如此，为了营造古树生长环境，2020年，当地政府还动员树后的严建胜一家将房屋由离树头不到一米，向后退了十多米远。

在此基础上，围绕古树又做了一个100多平方米的小广场。由此，这棵古树就形成了一个奇特的造型，即根部埋在地平线下一米多，树干立在地平面上两米多，树干树枝向四周伸展，类似大地盆景的形状。这是一种巧妙的保护，从此以后，人们再也不能去树洞处烧香了。当然，为了满足人们的祈福需求，在树的北面，村民们后来集资修建了"如愿亭"，树、亭中间放了一个大香炉。这样，古树保护、民间祈福就两不扰了。

从"如意亭"向北看，邻近古树旁，还摆放着一个红条桌，上面放着三尊塑像。放眼看，古树像是绿瀑压在广场上。枝叶翠绿，像锯齿状，呈放射型，一簇簇地连在一起，远看又和榆树叶差不多。枝叶虽然繁茂，但内掩的三枝六杈，依然清晰可见。走进护栏看树皮，黑褐色的，远看像直线型岩石，又像是罗中立《父亲》脸上的皱纹；近看，又像是一块块粘在树上的根雕，用手轻碰，像是在触碰沧桑历史。有的看上去，可能一碰就要脱落。树依然是空心状，树中间用经过防腐处理的模拟树干加固支撑，防止古树中空生虫或向两侧倾斜撕裂。用手一敲，"嘭嘭"作响。在树干北面有一向外突出的断枝，很明显是当年火烧的痕迹，是树的"断臂"。

古树有极强的生命力，并且新叶愈长愈茂。其营养正是来源于树皮的传递。历史的沧桑感正是在这被封的树根、树洞，黑褐欲脱而未掉的斑斑树皮，蓬勃生长的绿叶组合中定格。这棵历经大火而不死的古树，其神奇之处也许正在这里，而华夏国槐能被加封"国"字，这可能是众多原因之一吧。

国槐是相比较于洋槐而言的，它是乡土树种，别名白槐、金药树、护房树、细叶槐等。国槐在树种中以树龄长而著称，古人言，千年的柏，万年的松，赶不上老槐树空一空。国槐不仅处处是宝，而且生长周期长，故被人认为有灵性，这也是人们对她敬而神之的原因。

国槐现在并不太多见。寿县老乡说，国槐木头适合打家具，果子可入药。这些年，乡下的国槐不多见了。但奇的是，在这棵国槐的南边前几年新冒了两棵，现在已经长出两米多高了，周边的农户又精心地把它们保护起来；更可喜的是，前些年发出的另一棵三四米高的国槐已被移植到另一居民家门口，现已俨然成大树了。此处国槐命不该绝，而且会代代相传了。

我在这棵神奇的古树前流连忘返，很难想象那晚大火的情况，很难想象国槐是怎么度过这生死劫的？返回取车时，正巧又碰到一位老乡，于是又请他介绍当晚情况。他说当年还小，听老人说那晚火是从树洞里烧着的，烟和火沿着树中向上冒，火很快就将树瓤烧着，火势被风吸着，顺着从树中向上烧，犹如烟囱冒火一样。而树皮很硬，万幸未被烧着。加之，众人都来灭火，因此，保住了树根和树干上的树皮，这也就最终保住了古树。他还绘声绘色地说道，这把火，烧时就像一条火龙，从树中腾空而飞，渐渐地像一个"人形"飞走了。

这位老乡的讲述实在是太震撼了。我也终于明白，古树是生命，哪有什么灵性？是着火点未烧着树根、未烧焦树皮，不幸中之万幸，保护了这棵古树。如果说神奇，奇就奇在这；如果说有灵，灵就灵在只是烧空了树瓤而保住了树皮，是树瓤悲壮的毁灭换来了古树的凤凰涅槃和浴火重生。这棵国槐历经这么大的火而不倒，也难怪老百姓称神。现在有这样的保护，相信她会千年不倒。

国槐可开花结果，但时间较迟，现在虽过立夏，可惜花期还未到。这不要紧，也许她并不争春，而是在守候着人间最后的春色，甘做持续让春夏绿叶、花果永不中断的过渡。

返程的路上，我的脑海里总是有两个场景在反复叠加出现：一是那晚的冲天大火，国槐俨然成了一棵向上喷火的"火树"；一是现在她的生机勃发、绿叶如瀑。二者是多么不协调，但内在又是多么统一。

历经火狱，才有此树风景。

国槐，此名不虚！ ■

（2022 年 5 月 14 日）

古树名木之七

金钱松下尽是『忠』

小满时节，夏熟作物待穗田中；青山含翠，空气中散发出别样清新气味。今天下午，我来到巢湖市东庵森林公园，专程寻访这里的国家二级保护树木——金钱松。

东庵森林公园离巢湖市区仅 5 千米左右，随着南岸碧桂园的开发，这儿俨然成了市郊公园。一条 1 千米长的进山路，已将城市与这原先的上千亩国有林场连在一起，成为市民健身、休闲的福地。

东庵森林公园我来过多次，对这"湖山绝佳处、古巢形胜地"比较熟悉，也早已知道这儿有 50 多科 250 多种植物，特别是有全国二级保护树木 5 种，其中被誉为"江淮之最"的金钱松、被称为"活化石"的鹅掌楸，更是全省闻名；也知道这儿有始建于明朝的圆通禅寺；还知道这儿有张文衷烈士之墓。但过去总是来去匆匆，今天得空来对金钱松等一探究竟。

早先听林业部门的同志介绍，金钱松之所以被列为二级保护树木是因为其濒临灭绝，幸而在安徽、在中国还有几处遗存。东庵林场这一片便是其中之一，只是其中的情况又迥异于其他。

金钱松隶属松科、金钱松属，是本属内唯一的物种。从化石证据看，金钱松可能起源于恐龙繁盛的白垩纪中晚期。2300 万至 258 万年前，它曾广泛分布于欧洲中部、北美及亚洲。之后，其分布区域大幅度缩减，现在其自然种群仅残存于中国长江中下游地区，零星分布于浙江、安徽、湖南等地，成为我国的特有树种。正是因为濒危，号称"树中大熊猫"并不为过。

下午三点多，太阳正烈，但从大门走进去，直向东北方走去，感觉一片阴凉。沿着吊吊蕻山谷上去，那两旁便是成片的金钱松。黄诗峰老场长今年70多岁，2011年退休，今天我特意请他来当向导。

老场长介绍说，我们这儿的金钱松从地理分布上讲有四大片、几百棵。这个地方路两边是两大块，顺路反向南，在张文衷烈士墓旁、墓下方又有两大片。从栽种时间讲，又分为1958年、1986年。

"种的？不是原来就有的？"我好奇地打断老场长的话。"是的，是我们自己种的。"站在路中央，老场长面北指着一片金钱松说，"这就是1986年种的，我当时亲自参加的。"只见在一片低坡山处，两米见距、纵深一二十米处，成排成行地种着金钱松。一眼看上去，这些金钱松树干挺拔笔直，在六七米高才分枝发权；树枝也不多，并不繁茂，树叶细而密。只是枝头上树枝较密树叶较多，像长了绿的头。再仔细看，叶片条形，扁平柔软，在长枝上呈螺旋状散生，在短枝上有数十枚簇生，向四周辐射平展。老场长说，这些树胸径在30厘米左右，树高近20米。

"为什么被列为二级保护树木？为什么叫金钱松？"我一口气问个不停。老场长不慌不忙地答："主要是金钱松不生虫；平时不落叶，到秋天才一次落完；材质好，可能会卖好价钱。""不完全，"公园现负责人赵明亮打开百度说，"关键是，金钱松是濒危树种。"

"对。"我表示赞成。既是濒危树种，那么它的树籽、种苗从何而来？老场长又娓娓道来："1958年，林场才建不久，当时还有林业站，我们去省林业厅开会，从厅里带来种苗试种，地点就在现在的培训中心下边、小水库旁。本来是试试看，哪知我们这儿的土壤合适，气候又适宜，一种就活了。后来就自己育苗，1986年大面积移栽。不承想，就成了这四大片上百亩金钱松林。"

我向老场长竖起了大拇指："是你们引来了国宝树啊！"老场长憨然一笑："当年我们栽树，可吃了不少苦。那时挖宕没有机械，全凭我们用铁锹挖。树宕要向下挖1.5米深，直径是30多厘米。里面的石头都要掏出来，树种下去后还要逐一覆土。"

说着说着，我们向南走到笆头山培训中心处。老场长面西向山下一指："这一片树林就是1958年种的。"一看，好大一片林，当年整齐划一的种植格局一清二楚，长势与1986年种的基本无异。这又意味着什么？老场长说："金钱松长不过毛竹、松树，特别是三角枫。要不时地清除这些树，它才能长得好。"他向上用手指着山中间两棵金钱松说："这两棵长得倒不错。"原来，这附近是张文衷烈士墓所在地，墓园旁有几排金钱松长得很好。张文衷是和平将军、抗日将领张治中之弟，1937年在抗日一线牺牲。我过去几次来，都是从山间路边看到张文衷烈士墓墙，但并未上来看过。这次，我们从山间拾级上来祭奠先烈。

张治中是举世皆知的和平将军，但对他两次率军在上海抗击日寇人们知道的并不多，对他三弟血洒疆场大多也并不知情。张治中之弟张本禹（字文衷），1932年起先后参加绥远抗战、百灵庙战役、南口战役。1937年8月，时任少将副旅长的张文衷在押送军火途中，不幸遭日寇飞机轰炸，壮烈殉国。此时，张文衷结婚仅8个月，留下腹中女；而大哥张治中正在淞沪会战战场鏖战。老场长说："这些年，当地政府几次修缮张文衷烈士墓。老太太（张文衷夫人唐光芬）1991年逝世后，于1993年8月与张文衷合葬在一起。这还是我当年帮他们一起做的。张文衷女儿前些年还经常回来扫墓。"可不，我们看到此处立有一块合葬墓碑，前面还有"合肥市文物保护单位"之碑。

我们一路走一路聊，很快走到水库前那一片1958年栽的金钱松树林。这儿已修成一个长条形的休闲广场，有几个游客正在这儿做直播。我问："你们知道这种树叫什么名字吗？"她们摇摇头。老场长得意地作介绍。我对她们说："这就是当年的造林英雄。"众人露出崇敬的神情。说到这个话题，老人又打开话匣："1986年种金钱松时，林场很困难。一些有门路的人都走了。我们的工资也发不全，有时靠间伐松树发工资。但还是将金钱松种下去、保下来了。"我说："你们种下国宝树，功德无量啊！"蓦然，我问起老人的退休待遇如何，他说很好，"一个月的退休金有五六千块钱，房子也是政府帮助建的，就在碧桂园附近的小区。"我说："好，国家没忘你们这些造林功臣。"

其实，何止是这些。对所有有益于国家的人都应该铭记，张文衷烈士墓的几次修缮就是一例。赵明亮告诉我，"昨天，市里刚来人将这块市级文物保护碑换新。"我说："对，应该保护好烈士墓。你们也有这个责任。"此时，我脑中突然浮现昨晚所读《张自忠传论》中张上将殉国的悲壮场景，同时浮现张文衷少将被炸牺牲的场景。张自忠、张治中，有时人们将其搞混，虽然两人名字有异、身份不一，但都是一心杀敌的抗日名将。

马孝堂（卫兵）回忆：

> 日军不断向我方炮击，一发炮弹落在总司令身边。……显然是被炸弹碎片炸伤了。但是总司令仍然站在那里，怒目圆睁，大声地呼喊着，指挥着。我刚包扎完伤口，敌人就一窝蜂上来了。总司令命令我快走开，还说，我这样死得好，死得光荣，对国家、对民族、对长官，心里都平安……

张素和（张文衷女儿）回忆：

> 1937年卢沟桥事变，抗日战争爆发，当时父亲正在南京受训，听到消息，立即申请回部队参战！新婚刚8个月的妻子，也就是我的母亲唐光芬女士深明大义地劝勉夫君："自古养兵千日用兵一时，国难当头，君当去杀敌立功！不必眷恋家中。"1937年8月，父亲毅然告别怀有身孕的妻子，开赴南口前线。没想到这一去竟成永别！……在战场军火奇缺的危急时刻，父亲接到命令：星夜出发去太原增援。他押运武器弹药的火车开往南口战场阵地，刚到南口车站，立即指挥快速卸车，这时日寇战机突然来袭，疯狂轰炸。火车中弹、起火，引燃车上弹药大爆炸。父亲不幸被弹片击中，当场为国捐躯，年仅37岁。

张自忠、张文衷都有一个共同的"忠"字，忠于民族，忠于国家，忠于家庭。在这青翠欲滴的山间，我看到了个大大的"忠"字若隐若现。当然那是热血报国的"忠"字。另外还有一个"忠"字，就是林业人爱岗奉献、为国造绿护绿。作为后来人，我们自然要保护好先辈们留下的一草一木、大好河山！■

（2022年5月21日）

长鑫东边的皂荚树

经开区长岗社区的一棵高达 25 米、树龄 185 年的皂荚树，可谓一棵"帅树"，长姿、长相，几乎完美无缺。当地的大视角、大力度的保护令人称道，只是少数村民的敬祭有点过头。

皂荚树是地地道道的乡土树种，江淮分水岭地区房前屋后更是多见。经开区长岗社区离合肥主城区有 1 个小时车程，原是肥西县的管辖范围。随着新桥机场的建设和合肥经开区的扩区，已易为区内社区。本以为天下皂荚树都会长得差不多，乡土树都会有些"土里土气"，然而，当我第一眼看到这棵皂荚树时，竟然被她的英姿折服了。她可是乡土树中的精品，从田野里长出的"帅树"。从树的四面上下端详，竟然挑不出一点"毛病"。

我们是从一正在建设中的公园工地走过去的。从南向北看，树根被埋在高 1 米多、周长 30 多米的八角形护池下。树干 5 米左右以上是第一分枝点，向东北有一小分枝；再向上 3 米左右是主分枝点，几乎垂直向东、向西，形成一个"U"形分枝。"U"形树枝两边再几乎均等分权。由此，这棵古树又总体形成一个主干微微向南、"1"字干上挑起"U"形枝、构图对称的"Y"形。而树干高度与发枝点上的距离大体一致，树的结构比例恰当，线条清晰而不繁杂。粗学素描的学生也一定会一下子抓住整体结构特点，知道如何构图，如何写生。树干、枝头比例搭配恰当，既没有头重脚轻大树欲倒之感，也没有尾大不掉的问题。树叶是乡土树种中极普通的，我仔细分辨，看不出与榆树等树叶的区别。

对于这棵古树，我带着挑刺的目光去找她的不足。从树干的直与曲，从主干与分枝的联结点，从树干与绿叶的支与衬，越找我越觉得其美妙无比，几乎找不到什么缺点。她似乎就是按照上苍的旨意，根据一张画好的图长出来的，具有纯正的自然美。只是在树干西北角看到有一个枯枝，似与整棵树的生机不相协调。但正是这残缺的美，反而也在印证古树生命的强大和韧性。

要说有遗憾，当然有——古树不"生育"了。当地一位70多岁的孔姓老人告诉我，古树过去结荚，小时候会摘下拿回家剖开，用里面的汁洗衣服、洗头。现在不开花，不结荚了。一问有多长时间，说已有40年了。我们仔细看古树，从她现在的长势看，怎么也看不出是不育不结荚的状态，也许有一天会返老还壮吧。

但对于是否结荚，当地老百姓可并不太在意，仍视其为神树而加以保护，地方政府对此也花了大心思、下了大功夫。

长岗，原是一个乡村集镇。我们导航去时，这里正在大拆迁，老集镇的轮廓还在，只孤零零地留有一些未拆的房。在一处原门面房前，问一位50多岁大姐古树的位置，她告诉我们说，在西边一个小学附近，但去了仍找不到。再打听，三位老乡热情地给我们指出了明确的地点："长鑫"（一体存储器制造公司）的东边、派出所的西边。果然，按此一找立即就到。

也许是多次寻访古树的缘故，我对古树周边生长环境十分留意。我们来时、去前反复观察这棵皂荚树的位置，感觉到了保护者的煞费苦心；感受到了，虽经历了大拆迁，但古树未动，古树被保护下来了。

原来，在长岗这儿有一个宝教寺水库，水库下面东西向是新淮大道，垂直向南是金莲花路，与此平行向西还有一条路，路边就是"长鑫"。而"长鑫"何其了得！这可是合肥第1号产业发展项目，合肥人哪个不知？皂荚树就位于这一长方形围合的西北角。现在围绕这一围合，正在进行公园建设。可见当年修路和公园的规划是何其用心。通过这一规建，皂荚树就摇身一变成了公园的大树、"长鑫"旁的古树，其身份也"农转非"了。不止于此，在金莲花路与新淮大道的路口，还有意识地保留了两棵大树，一是枫香，一是柳树。这两棵大树保护完好，是完全的自然状。而路边另一棵柳树打了支护，现在长势也很好。看罢不禁感叹，皂荚树并不孤独，周边有三棵大树陪伴着；大建设没有伤害古树，并且被有机地变为公园的一部分了。这是更深层次、更为持久、更为有效的保护。

可能是这个树太"帅"，太招惹人喜爱，来敬祭的市民络绎不绝。我们今天来时树旁的香炉余烬未绝，我提议，可将香炉搬得离树更远一些。爱之深，不能松之护。很欣慰，相关单位当即采取了更好的保护措施。

我为这棵皂荚树的前世今生而高兴。她生长于贫瘠的村庄，成长了185年，躲过了兵荒马乱，躲过了"一刀切"大拆迁，迎来了由乡间古树到公园古树、由长岗古树到长鑫古树的嬗变。这是她的幸运，也是我们时代进步的表现。我们有理由将她保护得更好！ ■

（2022 年 5 月 28 日）

保台护宝"兰"铭传

　　137年前的3月29日，中国军队获得镇南关大捷（谅山大捷），刘铭传历经艰危领导八个多月的抗法保台战斗也宣告胜利结束。清廷对参战的官兵大举奖励，一个流传至今的说法是慈禧太后一高兴，便将从北美赠来的108棵广玉兰奖赏给主力军之一的众淮军将领（广西巡抚潘鼎新除外）。时任福建巡抚、驻扎台湾、督办防务的刘铭传自然名列其中。可能是因缘台湾之故，这棵刘氏故宅刘老圩里的广玉兰，不仅是所有广玉兰中生长最好的，而且树姿独树一帜——一根两干，并为连理。

　　今年的端午节，正是广玉兰生长的最美季节，在合肥的大街小巷、田园村庄，到处都有成排的广玉兰，长得肥绿油亮，而广玉兰花也正在次第打苞、盛开、凋谢。从远处看，大街上成排的广玉兰，浓密的树上似乎缀满了飘落的羽毛球，也似众鸟落枝归入林中。走到树下，不注意还不怎么能看到这洁白油亮的花朵，原来她已被浓密的树叶遮住了，但闻得到淡淡的幽香。广玉兰真是可爱至极，难怪合肥市将它作为市树。端午节假期，我一连探访肥西淮军三大帅将（刘铭传、张树声、周盛波）家中的三棵广玉兰。刘铭传家中的广玉兰是最好看的，当然第一个去了。虽然这棵广玉兰我已看过多次，但这次去仍充满好奇与激动。

　　这是合肥地区第一批广玉兰中的精品，至今长势极好。它的生长环境极佳，坐落于刘老圩西洋楼东侧，空间开阔，光照好，光线通透。后来的保护措施也很好，现在树根下面砌了一个50平方米的树池。正是因为此，树干挺拔，树叶肥绿，花朵众多。据纪念馆同志介绍，因为花多了，每年还要打下一些，怕的是带走过多营养。

　　这是一棵寓意无穷的广玉兰。最奇的是它的一根两干并为连理。从地平线向上80厘米左右是树池，树根深埋地下和树池中。再向上一尺多，是两个紧紧长在一起的树干，两个树干独立分枝生长。树干足有六层楼20米高，长势大体差不多。

广玉兰一般都是单干的，从根部发权的并不多，同一批这样的造型更少。人们的解释是，这是因为刘铭传的经历，才有大自然的灵气而孕育，并不断发展壮大。它寓意为大陆与台湾同根生、手足相连。

令人称奇的是，在这棵广玉兰的东南角，还有一棵类似造型的一根两干的朴树，根部以上像两条游龙。这棵朴树树龄在160多年，应是建园之前就有的，原来并不在西洋楼院内，后来将其扩至院中，算是一种呼应了。

刘铭传是清末崛起的一代枭雄、卫国名将。在那"官场贱武夫"的年代，他却以自己的聪明才智、出生入死的成就，做出了有益于国家统一的大事，实为民族英雄。终其一生，刘铭传可谓做了三件大事：一是参与淮军创建，"平吴操捻"。二是抗法护台、立省建台。三是发现、保护并最终由曾孙刘肃曾向国家捐赠国宝——"虢季子白盘"。对于第一件事，他并不以为意。而保台建台，自是他人生最大的荣光。至今读有关刘铭传这方面的传记，仍不禁热血沸腾，为之骄傲。

且说保台。作为最高指挥官，他不仅运筹帷幄，而且亲临一线浴血奋战。1884年8月5日，四艘法舰运载陆战队员一千余人首攻基隆。刘铭传不顾生死聚精会神指挥作战，"怕哄个"（肥西方言，意为怕什么）。激战中，一颗炮弹在马前爆炸，战马倒地而死。万幸的是，由于战马阻挡掩护，刘铭传仅受轻伤。大难不死，刘铭传后来在刘老圩壕沟西南，特为这匹救命之马建了一座马塔。此役，刘铭传指挥的以淮军为主力的江淮健儿打出了中国人的威风。

再看建省。战后，刘铭传奉旨建省，成为台湾首任巡抚。他呕心沥血，殚精竭虑，兴办了一系列具有开基擘台的重大事业和重大工程。邻近的刘铭传纪念馆列有"刘铭传在台湾近代化建设中取得的诸多中国第一"：第一个自办电报业，第一个设立新式邮政总局，第一条海底电缆，第一张查田账单，第一所新式学校（西学堂），第一个驻外招商局，第一份对外招商引资合同，第一条自营铁路，亚洲最长铁路大桥——淡水大桥……

特别有意义的是，刘铭传读书并不多，但他在台"开西校，译西书，以利人才"，同时重视办好传统儒学和少数民族教育。1887年春，朝廷下旨由刘铭传兼任学政，主持台湾地区首次科举"童子试"。这对刘铭传来说是一个很大的肯定和极大的荣誉。刘铭传是"马背诗人"，他撰"兼学使联"表达彼时兴奋的心情：

> 千万间大厦宏开，遍鹿岛鲲洋，多士从兹承教育；
> 二百年斯文远绍，看鸾旗鼍鼓，诸君何以答升平？

正是因为此，我国台湾著名史学家连横评价刘铭传"足与台湾不朽"。至今，在台湾留有多处纪念遗存。特别是1967年，台北市建立"一阁四亭"，纪念台湾人民最崇敬的五位历史名人。中间是纪念孙中山的"翠亨阁"；与郑成功"大木亭"并列的，就是纪念刘铭传的"大潜亭"。

不仅如此，刘铭传的抱负还在于，"思以一岛基国之富强"，以台湾"一隅之设施为全国之范"。他要将在台湾的成功经验，复制于祖国大陆，实现富国强兵的梦想。

可惜，腐朽的清廷，凶狠的外敌，不可能延续刘铭传的大潜山之梦。在他告病还乡仅四年后，《马关条约》签订，台湾被割让。卧病在床的刘铭传闻知消息，悲愤至极，呼天抢地，口吐鲜血，病情剧增，仅九个月后就溘然长逝。这是何等的锥心之痛、无奈与绝望！他的遗诗《乙未冬绝笔》是：

历尽艰危报主知，功成翻悔入山迟。

平生一觉封侯梦，已到黄粱饭熟时。

大帅故去，正是严冬时节，不知此时的广玉兰是何种模样？

但不管时光如何流逝，凡是做过对民族、对国家、对人民有益之事的人，历史都不会遗忘。改革开放以后，当地政府在原址修复刘老圩，还陆续重修刘铭传墓园，新建刘铭传纪念馆等。安徽以及合肥、肥西与台湾的交往，也因为刘铭传而一直保持相当高的热度。清明期间，我还收到一位台湾朋友发来的"端午安康"的短信，期盼疫情过后再相聚。

广玉兰已落户合肥 100 多年，成为合肥市民喜爱的市树。在刘老圩静赏这一根两干的广玉兰时，我突发奇想，不知广玉兰在台湾有无引种、长势可好？我们能否将广玉兰种苗带到台湾栽种？故居纪念馆负责人刘馆长说，这是个好主意，下次去台湾，带几棵作为礼物赠送友人，让刘老圩的广玉兰也能在台湾生根开花，算是寄托刘铭传的一片瞩望。

这样说来，广玉兰树叶叶背金黄，叶面碧玉；每年五六月间开花，洁白柔嫩、皎洁清丽，不仅象征着"金玉满堂""荣华富贵"；而且还打上了华夏一统、两岸归心的基因与密码。我们自然要广种这人见人爱的广玉兰了！■

（2022 年 6 月 3 日端午节）

农兴中学的"兄弟兰"

　　在137年前的针对淮军将领的广玉兰大赏赐中，"盛"字营的周盛波、周盛传兄弟自在其中，并且二人将广玉兰栽到周氏私家圩堡——周老圩。近140年过去，周老圩不在了，已改建成现今的农兴中学；但这棵树还在，并且与刘铭传故居中的那棵广玉兰一样，是一根两干并为连理。如果说刘老圩中的那棵广玉兰寓意为海峡两岸手足相连，那么周老圩中的这棵广玉兰又喻示着什么呢？

　　端午假期的第二天，我走进这郁郁葱葱的周老圩（现农兴中学）。时值高考前夕，学生们正陆续离校。走进学校，从北向南转了一圈，除了校园旁的壕沟、古树，还有一处不失当年风采的花厅（接待厅）外，根本看不出当年周老圩的景象了。

　　查史书和相关人物传记知，同治四年（1865年）4月，清廷剿捻统帅僧格林沁中伏毙命。因"救援不力"周盛波受革职处分回乡。回乡后，他便与兄弟一起，陆续在紫蓬山北麓择地兴建私家圩堡，形成了独特的"八圩呼应、众星拱月"的小圩堡群落。而核心圩堡周老圩占地50多亩，四周深壕护卫，碉堡分立。整个圩堡又分成三大院落，都是五进大院，原有建筑450多间。分别住着周氏三房：周盛传、周盛春、周盛波。圩堡内自然广栽树木，除了这棵广玉兰外，至今还留有银杏树、皂荚树、桑树等。只是新中国成立以后周老圩被改建为农兴中学，原有建筑只剩下周盛传的会客厅，至今保存原状，孤零零地坐落在校园的西南部。但原有的古树大都保存了下来，不仅如此，新中国成立以后还新栽了大量的法桐，至今也已是参天大树，亭亭如盖了。

　　在现今的农兴中学走一圈，你不难发现，这里可能是合肥地区古树大树最集中的一个单位了。自然，最吸引人的，当是周氏兄弟当年栽的那棵广玉兰。我姑且称之为"兄弟兰"或"周公兰"。

　　这棵"兄弟兰"在校园的最北面，临近北壕沟处。从校园东大门进去，一直向北走，沿路都是参天大树，快到尽头，向西一转，那儿便挺立着"兄弟兰"。只可惜第一眼看上去，古树的生长环境并不理想。原来树的后面是一排老平房，那应是建校初期建的（后知也有少数是建圩时就有的）。前面是一栋四层楼宿舍，两栋房子将"兄弟兰"夹在中间。万幸的是，东西两头没有遮挡，古树便向东西方向借光发枝了。

　　走近"兄弟兰"，看到地平线上有一砌护将树根围住。砌护面积有12平方米左右，高约0.8米。在这之上，就是一根两干。而两干相连浑为一根的高度竟为0.5米左右，宽度也在1.5米上下，这也足见这棵广玉兰的根系多发达了。在此之上，广玉兰才东西分干。两干都较直挺，特别是西干几乎是垂直向上，足有八九米高，只在3.5米处分枝。可能是西部空敞之故，向西横发一大树枝。东干在3米以下仍是直干，只在3米处向东倾斜，那也应是追光的结果。东干上有两根树权，很柔性、遒劲地缠绕在一起，恰如两条游龙，也像是两兄弟缠伴在一起。

　　或许是南边光照不足，整棵"兄弟兰"似乎显得营养不足，树叶长得不够宽肥，广玉兰花也开得不够大。但细细一瞧，有几朵花贴近邻近的三楼窗前，推窗见花嗅香应是自然美景。壕沟南平房北的法梧树头越过平房，似乎要与广玉兰新发的嫩枝头长到一起了，也看似有盖过广玉兰枝头的势头。"兄弟兰"与所有的广玉兰一样，因为树叶浓密，树下不易看到多少盛开的花朵，需抬头找着看。但往后一站，离得远一些，又可见朵朵白花盛开，犹如羽毛球落在树上。这也许体现了一种团队精神吧。

写到这儿，要说一说树的主人、周老圩的主人了。在李鸿章回乡所办的团练中，有赫赫有名的"铭"字营（刘铭传）、"树"字营（张树声）、"鼎"字营（潘鼎新）、"庆"字营（吴长庆）、"盛"字营等。而"盛"字营的主将就是骁勇善战的周盛波，副将就是文武兼备的周盛传。二兄弟在南征北战中屡建奇功，先后被朝廷授予湖南提督、从一品武官，是淮军中的大将。

在那护国安邦以及所谓"平吴剿捻"诸战中，二兄弟至今为人所津津乐道的，则是天津屯田驻防。也正是因为有这一段历史姻缘，才成就了今天传奇的"小站稻"，留下了安徽、天津一家亲的美好传说。

据《清史稿》记载，那还是中法大战（1884 年）前后，周盛波署理提督、周盛传领总兵，随李鸿章移督直隶，辅佐办理北洋海防，拱卫畿辅。两兄弟驻防于天津的马厂和小站，总领北洋海防淮军各营。在备战期间，周盛传巡视大沽地带，目睹"空廓百余里，地废不耕，实感可惜"，于是，上书开挖南运减河，以"荡析之灾"，"引甜涤咸变斥卤为膏腴"。此举深得朝廷赞许，批准"以军开河"。于是，淮军六七万将士，由周氏兄弟指挥，历经几年奋战，修河架桥，在海边改咸水滩涂为淡水良田，并还围海造田。不仅如此，周氏兄弟还大胆设想，将淮军中的一大批老兵留下，并把随军家属请来，还从安徽老家等地招募大批种田能手，带来水稻良种，在小站附近成功培育出著名的"小站稻"并大面积推广。至此，中国近代史上开先河的军垦获得了丰硕成果，至今仍泽被后人。

去年秋天，我曾去天津静海的先正达"MAP"农场考察，那儿离团泊洼不远，郭小川的《团泊洼的秋天》曾深深打动过我，我为到了团泊洼附近而激动；也知这儿育出的"小站稻"，现在是天津力推的优质农产品；但未曾想到，这竟与肥西两位周老帅相关联。当历史在这一刻交融，我不禁对先辈保家护国、开疆拓土的壮举，充满了深深的敬意。他们在这盐碱滩上所培育的"小站稻"，足能与大漠戈壁上的"左公柳"相媲美。也正是在这一点上，我对农兴中学的"兄弟兰"有了新的更深的感悟…… ■

（2022 年 6 月 13 日）

张大帅圩堡的广玉兰

在李鸿章所率淮军的七督抚十七提督中，张树声排名第二；在肥西"三山"淮军将领中，张树声年龄最大，读书最多，官职最高；在那137年前的广玉兰大赏赐中，张家自然也在获赐之列，并将广玉兰栽在自家圩堡。

近140年过去，张老师家这棵广玉兰长得如何？还是在端午假期的第二天，我去张老圩踏访。

张老圩和刘铭传之刘老圩、周盛波之周老圩齐名，只是新中国成立以后改建成聚星中学了。2019年秋，为推进美好乡村建设，我曾到聚星社区调研。听闻张老圩就在附近，离那儿只有几里路，便赶去探访。当时学校已经停办，院内还有一幢老屋，教职工宿舍也在。但因为时间关系，当时没有去看那儿的广玉兰，只依稀记得在大门附近有一颗硕大的法桐。

今日来校，仔细观察，校园虽然荒弃，但仍可寻觅到当年庄园"紫气东来、山环水抱"的自然环境。但张家故居早已消失殆尽，仅保留一座五间平房，一口老井，还有两棵古树。学校的教工宿舍也已经拆除。陪同的聚星社区书记张志峰告诉我，县里准备按原样复建张老圩，规划已讨论通过，人员都已搬离。对此，我极为赞赏。记得也是上次调研后，我曾向县主要负责人建议，肥西清末民初圩堡规制独树一帜，现在张老圩建筑格局犹存，县里也有财力，是恢复重建的时候了。

进入校园，荒草没膝。志锋书记带我直奔心中向往的广玉兰。志峰是张氏家族第六代，又在这儿读的书，故对这里的情况十分熟悉。走到树下，接近正午，阳光正烈。一座老屋之前，赫然挺立着这棵广玉兰。端详一番，它跟合肥地区的广玉兰并无什么两样，只是树干更直。树根底下有10平方米左右的砌护，向上5米是直的树干，由此向上1.5米处树枝横发，再向上5米又是光挺的树干。树头竟也有3米，左右分枝。广玉兰花亦有，只是并不多，许是到花的末期了。

我有些惊异树的挺直。志锋书记说，这是由于雷电的结果。原来，2020年一场雷电，将向东的一根大树枝劈断，成了现在这样的形状。上前仔细一看，在树干 4 米高处，果真有一树洞，那是雷击枝断留下的瘢痕。也是在那之后，林业部门精心搭起了三角支撑，立地撑干，牢牢地将树按在地上。树旁有一简介，言"20 世纪 60 年代因暴雨吹倒，死亡一株。幸存这株也在 2000 年被雷击伤。"

这是一棵伤树，幸被精心呵护而生命犹存。树边有一口古井，上面覆满树叶。志锋书记说这是当年的古井，办学校时就用这口井取水。树、井向北，就是那栋五间平房，至今仍保存完好，可依稀想象当年圩堡建筑的模样。据介绍，前几年还在这里举办过"张家四小姐生平成就展"。对此，我暗自思忖：张家四小姐的名气很大，这些年炒得很热，只是有多少人知道他们的曾祖父？又为何要在这儿办展？

"张家四小姐"的曾祖父张树声是淮军大帅。张树声兄弟与淮军其他将领一样，其战绩是"平吴剿捻"、护国抗敌。终其一生，我以为张树声最大的功绩有四：

其一，在"三山"办团练时，振臂一呼，"隐为盟主"，被曾国藩称为"独立江北，今祖（逖）生也"。他为淮军 13 营的成军打下了坚实的基础。

其二，在署理直隶总督时，平定了朝鲜的"壬午兵变"。光绪八年（1882 年），李鸿章因母亲去世，请假回家治丧守制，清廷命两广总督张树声署理直隶总督、北洋大臣。适逢朝鲜内乱，日军侵朝，张树声当机立断，奏调驻防山东登州的广东水师提督吴长庆，由北洋水师提督丁汝昌运兵，率吴兆有、袁世凯、张謇等文武官员率军渡海入朝，平定内乱，迫使日军退走。张树声、吴长庆援朝抗日有功，受到朝廷嘉奖。

其三，在抗法战争中，有效地发挥了应有的作用。尽管朝廷"战和不定"，但他公开主战，加强南疆海防、陆防，为后来镇南关大捷赢得了主动、奠定了基础。

其四，任官期间勤奋努力，取得一些值得称道的政绩。如在任漕运总督时，力请将长江以北河运改为海运，保证了漕运畅通。在担任江苏巡抚及署理两江总督时，积极组织进行太湖流域水利兴修，"使入湖之水分出各港，畅流达海"。

另外，张树声还是少数的"开眼看世界"之人。其著《张靖达公奏议》主要记述张树声向朝廷上书处理有关公务的意见和做法，其中不乏闪烁着改革、开放的先进思想光芒的理念。在他生命的最后一夜，竟通宵未眠，口授上了最后一封奏折，称自己一直为福州和台湾的局势担忧，希望皇上和朝廷能同心图治，"勿以游移而误事，分以浮议而隳功，尽穷变通久之宜，以奠国家灵长之业"。此文开后来"洋务运动"之先声。

尽管在淮军将领中，张树声的文化水平较高，其被李鸿章誉为"文武兼资，识力俱定"，但他一生几乎未留下私人文字。后人得以目睹的只是：一副在姥山岛留下的"势如涌出"的题词，一副为战死的亡弟张树珊所泣撰的挽联，一册《张晋达公奏议》。但这并不意味着他不重视教育，相反，他和刘铭传、周盛波等在离张家不远处，集资兴办了肥西书院。

据记载，1871年，淮军将领合资办学，新建肥西书院。校址东临紫蓬山，西望大青山，南倚独座山，北靠周公山，位于群山环抱之中，环境十分优美。建筑风格别具一格：数进四合大院，灰砖青砖白色迂廊，色调清新和谐，巨木廊柱，屏门阁扇，一应雕梁画栋，整体建筑古朴雄伟，气势恢宏壮观。而今，遗址犹在，现为聚星小学，倒也合学院兴办之意；门楼已复，在校舍门前"嫁接"还算差强人意。"肥西书院"牌匾原是左宗棠题赠，现横挂学校大门之上。原正厅悬挂的李鸿章所题"聚星堂"匾额，现放在后面教学楼墙上。刘铭传的原悬于门壁的对联（"林壑西南美，风云上下交"）仍复写于上。原正厅立柱上所刻刘铭传一楹联，现改刻在门的两边。只是找了半天，没有找到张树声的题赠，这也从一个侧面印证了张的低调与内敛，同时也留下了一些历史疑团。

现今对何人领办肥西书院有两种说法：一说是刘铭传，一说是张树声。认为张树声领办的理由是，张树声是秀才出身，又是三山团练的盟主，学院离张老圩最近。只是可能张老师不愿抛头露面，故留下的墨宝不多。而现今刘铭传的宣传又盖过张树声，故一些办学修庙的事便多重于刘。但不管怎么说，张老圩、书院以及后兴的聚星街呈三位一体的事实，足以见证张大帅在其中的领军作用。

书院兴办后，淮军将领的后代都来此读书。刘铭传的四个儿子也是如此，还分别考中秀才、举人。张树声家自然也是世代读书、追求功名，再往后，就衍生出秀外慧中、万人倾慕的"张家四小姐"的美好故事。这也应了一句西谚：培养一个贵族需要三代人。

初夏时节，我在当年张大帅倾注心血的"三位一体"处流连，一边是面貌一新的农村小学、美好乡村街道，一边是已彻底破败回到未建时的张老圩。时光在此穿越，真是百感交集。现在要复建张老圩，这是盛世之盛举。临别，我提醒志锋书记，不管在什么情况下，都要将这棵广玉兰和门口的法桐保护好，因为这是张大帅的"血脉"！■

（2022 年 6 月 20 日）

唐五房圩的梓树

　　在 137 年前的那场针对淮军将领的广玉兰大赏赐中，唐定奎应在赏赐之列。然而，唐五房圩内却找不到这上百年的广玉兰。但在圩堡内，却有一棵 160 多年的梓树，并且是唐定奎从台湾带回来的。这是怎么回事？今天，我们去肥西柿树岗乡的唐五房圩一探究竟。

　　唐殿魁、唐定奎兄弟俩是淮军中的两名大将。唐家十世兄弟五人，唐殿魁、唐定奎是老四、老五。唐殿魁死于"剿捻"一线，而唐定奎则两度渡海保卫台湾，写下淮军保家卫国的辉煌一笔。与众淮军将领一样，当他们功成名就后，纷纷在家中大兴土木，建起了独树一帜宜居宜业宜卫宜退的圩堡。唐五房圩位于柿树岗乡袁店境内，距大潜山 15 千米，离凤落（丰乐）河、龙潭河各 3 千米。同治四年（1865 年），唐家四、五房兄弟即殿魁、定奎，选择这龙凤交汇之地合建圩堡。因唐定奎后来主事，故此处又习称唐五房圩。

　　从合肥市区开车向西南，要有一个半小时的车程才能到，可见当时亦很偏远。正是立夏刚过，小暑将至，大地一片暑热，田地有些旱迹，"知了不知耕种苦，坐闲枝上唱开怀"。当我们赶到唐五房圩时，展现在眼前的是一片工地，原来这儿正在按原样进行修复。陪同的新街社区书记周正东告诉我，唐五房圩面积 200 亩，内原有转心楼、莲池阁、参化堂、紫竹林等各种建筑 200 余间。新中国成立后一度改为粮站，后作为学校，现正进行原样复建。

　　打开工地大门，走进圩内，首先映入眼帘的是保存完好的转心楼。但我并不急于去看，一心想去看那从宝岛带来的梓树。正东书记似乎看出我的心思，说，"走，梓树就在转心楼的北面。"我们三步并作两步走，很快便来到楼的北面，而正前方就是梓树。

　　"树不高啊！"爱人说。观察树高与否是我们近期观树的第一规定动作。"不高"确是我们看到这棵梓树的第一印象。昨晚查资料，知梓树的一些习性。梓树本来就长得不快，树也不高大。这棵梓树目测只有 12 米高，但它却很有特点。我们一边看一边议。

一是树形比较适中。用素描的眼光看，树分为四大部分：从地平线到 3 米高处是树干第一部分；向上中间 2 米处又是一段（在这两段中间向东、向西、向上各发一枝）；再向上 5 米处是树的上半部，树干稍向东斜；第四部分是树头和树梢，有 2 米左右高。

二是树的造型很有动感。从东南向西北看，树干向东南倾斜，但中间部位又反过来向西北挺起，由此树的重心得到平衡，也不需要打支护了。

三是树的直径约为 0.8 米，树干通直、冠幅开展、叶大荫浓。仔细看上去，树叶很大，只比荷叶小些。因为冠幅较大，树看起来就像是一个皇冠。

四是结的果竟像是垂下来的豇豆。我们来时树已结果，抬头一数，有好几十簇这样的"豇豆型"果子。整体看上去，又像是串串流苏挂在树上。正东书记介绍说，这棵梓树三四月份开花，花的形状就像豇豆花，颜色是黄色的。

五是保护得好。圩堡内一看护老人告诉我，前些年古树生长状况不好，有虫害，树都快长不出叶子了。2020年请省里专家来会诊，后来采取除虫、改良土壤等防护措施，古树又焕发生机。老人高兴地说，这些树叶都是今年新发的。

我查资料知梓树有异味，甚至叫"臭梧桐"。我特地上前，嗅了嗅叶片，没有感觉到。我又问正东书记知道不知道这棵树有臭味，他说一直未听说过。我对他说，有异味也很正常，因为这棵树全身是宝，树叶、树果、树皮都可入药，特别是在瘴疠之地，更有其独有的作用。这也许是台湾番社首领馈赠梓树的缘由之一了。

说到这儿，我们自然聊起了圩堡主人唐定奎。正东书记对此如数家珍，自豪地说，唐定奎两次渡海保台，第一次去时比刘铭传还早十年。

是的，唐定奎第一次赴台是同治十三年（1874年）秋。当年3月，日本借"牡丹社事件"妄启衅端，意在侵台。清廷针锋相对，急调驻扎在徐州的提督衔总兵唐定奎，率13营6500名精兵强将渡海进驻宝岛，打响了保台卫国的正义之战。

在台一年多，唐定奎率军一是枕戈待旦、剑逼日军退台；二是开山抚番，推进两岸农业交流合作，为未来建省打下基础。据记载，唐定奎首在台湾设立招抚局，建立番社管理制度。在示威怀德、教化番民中，他与酋长们结下了深厚感情。当他得知台湾缺少生姜时，便命人从肥西老家运来一船生姜送给酋长，并把生姜的栽培技术传授给台湾人民。投桃报李，当唐定奎离台返乡时，酋长便回赠了这棵梓树。

梓树、桑树历来被视为故乡的符号。由此说来，这棵梓树既是民族团结的象征，又是祖国统一的印记，还是皖台农林交流合作的信物。自古以来，两岸交往已久。"刘铭传纪念馆"详尽展示了皖台合作的历史。昨晚看到鲁胜宝同志写的《合肥人在保卫、开发台湾中的突出贡献》。文中写道："清代，合肥籍人先后有万余人，为保卫和开发建设台湾做出了突出贡献。"其中有：殉职台湾的武探花董金凤，两度署理台湾海防的吴赞诚，保卫和开发台湾的首任台湾巡抚刘铭传，两次渡海保卫台湾的唐定奎，主动请缨驰援台湾的聂士成，渡海抗击日寇、法寇的章高元，主持修建澎湖海防炮台的吴宏洛……真是台湾膏腴地、皖人滴滴血。

看罢梓树，犹如吃了一顿文化、生态大餐，对转心楼的兴趣反而稍减了些。其实保存完好的转心楼是少有的原汁原味的淮军将领遗留下的古建筑。此楼挺立于圩堡中部，为四合院式的皖中砖木建筑，上下两层，共32间房舍。转心楼后改作袁店中学的一部分，故保存完好，现正在整修。

走进楼内西大厅，看到一些原布展资料。突然，一块"唐德刚介绍"展板吸引了我。原来鼎鼎大名的华人传记作家，《张学良口述历史》《胡适口述自传》《李宗仁回忆录》等的作者，竟也是从这儿走出来的。据介绍，唐德刚是唐定奎三哥唐家锦的五世长孙，于1920年生于离这儿不远的唐三房圩。此圩在唐五房圩北面2千米，现遗址尚存，壕沟依旧。只是古建筑都荡然无存，圩内现有20户村民居住，圩堡亦改名为三房圩村了。唐德刚热爱故土，曾回乡寻根问祖，还在逝世前将全部藏书捐给安徽大学。只是不知道为别人写过那么多传记的唐德刚，有没有为祖先写下保台卫台的史书？

走出转心楼东门，正东书记指着门楼说，上面的"紫气东来"是李鸿章题写的，原来的"气"字不见了，是后来补上去的。门外，工人正在复建原配套用房，

一股新木香气扑鼻而来，我似乎又感受到了当年建圩时的情景。

历史总是在不断地螺旋式上升，现在的复建自然是在修复文物，更是在发掘蕴含其中的有价值的精神。当我离开唐五房圩时，脑海中不禁浮现出唐定奎第一次渡海时的情景。

唐定奎率兵斜渡台海时，恰遇狂风暴雨。淮军兄弟初出大海，纷纷中暑、晕船，一片惊恐。关键时刻，唐定奎站立船头，带头高呼"忠心报国，渡海抗倭"。众将士见状群情激奋，振臂高呼"忠心报国，渡海抗倭"。口号声此起彼伏，一路压过风狂雨骤的茫茫台海……

历史并不遥远，离去也就 148 年；梓树不言，年年花开花落，它是最好的历史见证……■

（2022 年 6 月 25 日）

六家畈吴的广玉兰花谢了

上周小区院里的广玉兰树上还有几朵花，我在寻思着，赶快去肥东六家畈看淮军故里的广玉兰，要不今年的花季就要过去，再看就要到来年了。

可不，7月2日下午，当我们来到吴中英故居时，那两棵广玉兰树上已不见玉兰花了，呈现在眼前的是盛夏高温时叶片油绿的景象。

肥东长临河六家畈一带是淮军的另一起源地，以吴毓芬、吴毓兰、吴育仁为代表的合肥东乡人士，在同乡李鸿章的率领下，从这里走向沪苏浙，走向边海防，既在"平吴操捻"中厮杀，更在保家卫国中血洒疆场。与肥西籍淮军将领一致的是，功成名就的东乡将领们回乡后大量置地建房。但有所不同的是，所建房屋更显皖中特色，是皖中民居、徽派建筑与苏州园林的结合体，都是一家几进，中有天井，但普遍不似肥西将帅的圩堡。在那137年前的广玉兰大赏赐中，东乡淮军将领自然都有该得的一份。

吴毓芬、吴毓兰故居是六家畈几大古民居中最大的，现改称为"吴家花园"。可惜，不知什么缘故，不见广玉兰的踪影，但有一棵与建园同期栽种的古柏，至今长势良好。而六家畈淮军将领栽下的保留至今的两棵广玉兰，则是在吴家花园东侧原民国初期安徽省军政司中将吴中英的故居中。吴中英的后人吴世珊，改革开放后联合其他吴姓族人捐赠了吴姓100多间祖屋，同时也连带捐赠了这两棵古树。捐赠时，他们向当地政府提出了这样一个要求：一定要保护好这两棵百年广玉兰。至于吴中英的上辈是谁，当地人都答不出来。大家一致的观点是，吴中英的上辈肯定是吴毓芬、吴毓兰的家班，淮军的一名悍将。我今天中午问询一位清史专家，他说要查吴家族谱来考证。

吴中英故居在新中国成立后改设为安徽省第一康复医院，专门接收从抗美援朝战场上回来的伤病员，医院停办后就长期闲置，现由当地政府与企业利用原房改建成了文创空间等。

走进院内，两棵硕大的广玉兰呈现在面前，第一印象是令人称奇！原来，一东一西两棵古树足有七八米高，但见东边这一棵却是一根三干并为联理。这比刘铭传故居的一根两干又多了一干。

东边这棵广玉兰，从西北方向看，下部像是一个待发状态的"捆绑式火箭"尾部。树的胸径约 0.63 米。从地平线到 1.7 米高处是合为一体的三干，犹如"捆绑式火箭"的尾部紧紧捆在一起。虽是一体，但仍可看出干与干之间的隐沟。这种形态很奇，想来有两种可能。一种可能是原先在 1.7 米以下就是一干，到 1.7 米处才分开长。另一种可能是，三干原先是分开的，后来越长越大，越长越贴在一起，最后看似是同一个根了。

可能是因为院子小（面积约为 80 平方米）、四周房屋较高以及修剪等

原因，树长得直，枝权并不多，其中北干最粗，南干次之，西干稍小些。只是在三干交汇点的 4.5 米处，树枝才倏然密集起来，并且各枝交错穿插，浑然一体，奔腾向上，像是人工编织的一张树网，特别富有集体性的张力。仰望树梢，又犹如怒放的花炮。

整个树的造型像是一个被放大修剪过的硕大的盆景树。远看又像是一幅缀挂绿叶的铁画——树干凸显，树叶稀疏，一别一般广玉兰的浓荫蔽日。再细看，在树的西南方，今年新发了一枝，那应是追光的结果。

而西边这棵广玉兰，则有些松树的感觉。树干笔直，只在 4 米处才发枝，但枝权不多，上面的树叶也很少。这两棵树的造型和长势在同期的广玉兰中属于另一类。

此时，我对树的主人到底是谁，并没有再深问下去；倒对这两棵"兄弟兰"，东边这棵一根三干以及树头的网状造型，产生了浓厚的兴趣和无尽的遐想。这抱团

生长的树状，使我猛然联想到那壮烈殉国的"高升"号600多名六家畈淮军官兵。

那是1894年7月25日，清军租借的"高升"号商船驶入朝鲜西海岸丰岛附近海域，遭到日军"浪速"舰拦截。"高升"号上的清军士兵在日方的武力威胁下宁死不屈，最终被"浪速"舰击沉，全船1100名中国官兵仅有252人侥幸逃生，其余871名全部壮烈殉国。在这殉国者中，六家畈子弟兵就有600多人。噩耗传来，六家畈一带哀恸遍于山岗、湖滨。

在这场护国战斗中，六家畈人表现出了英勇的豪杰之气。当船长（英人）准备听从日军要求随日舰行驶时，淮军官兵非常愤怒，纷纷表示，"宁愿死，决不服从日本人的命令"。由于船长拒绝合作，官兵只得将船长看管起来，不准开船随日舰行驶。当日舰炮击"高升"时，船上淮军官兵宁死不屈，"以小枪向敌舰射击，进行最后之抵抗"。128年后，当我读到田玄所著《淮军》这段历史时，不禁心潮起伏、热泪盈眶。

好一个江淮豪杰，好一个忠勇六家畈子弟兵！近年才利用吴谦贞故居布建的"淮军史迹陈列馆"，门楣上挂的就是"忠勇六家畈"五个大字。在那儿还竖了一尊吴怀仁的塑像。吴是一鱼雷舰大副。在管带王平遵令率全部鱼雷舰偷袭日本舰队，而遇敌后欲举白旗投降之时，吴怀仁当即将其抓押，并指挥所有舰艇向敌舰还击。最后，吴怀仁和全舰官兵壮烈牺牲。

为大海护国者敬，为六家畈子弟兵哀！很早就听说，以前每到清明节，这一代的人都要到附近的茶壶山烧纸祭奠。新建的"淮军史迹陈列馆"，满足了人们对先辈祭奠的需求，设置了屏幕上放长明灯的环节。我也点起那一盏长明灯，但愿那些不屈的英魂能感受到故乡后辈的敬意。

而在此前的 1885 年中法战争胜利是中方少有的胜利。慈禧太后赏赐的广玉兰，应是对所有淮军将士的奖励和期勉。一树奖赐万人血。如果说吴中英故居中的这两棵广玉兰树，目前尚考证不出树主人祖上名字的话，那不妨就将这两棵树称为"六家畈吴"广玉兰，因为这代表六家畈所有的淮军将领和子弟兵。

盛夏之时，广玉兰花谢，广玉兰果结。在皖中湖滨这块热土上，由淮军将士带回来的广玉兰，长满大地，并已成为合肥的市树，为千万人民所珍爱。这里有对叶肥花白的广玉兰的喜爱，也有一份特殊的不可言状的情感寄托于中。晚上在小区另一侧院前，竟然看到一棵广玉兰树上，还有两朵小白花绽放在枝头。只是花瓣小了些，像不大不小的羽毛球，在夕阳西照下，在绿叶烘托中，散发出别样的幽白……■

（2022 年 7 月 3 日）

刘秉璋故园的望春树

　　正是盛夏酷暑、知了鸣夏时节，我来到淮军名将刘秉璋故里——庐江县矾山镇刘墩村，探访这儿的一棵古树——望春树。

　　近期在探访淮军名将故里广玉兰树时，我推想作为李鸿章手下七大督抚之一、进士出身、中法镇海保卫战的最高指挥官，理应有广玉兰之赐。但我在庐江工作期间，似未曾听说和见到过。前几天打电话了解，刘氏宗祠也没有，但离这儿不远处倒有一颗古树，去年被风刮倒，今年已被修补。但当地老百姓说是望春树，不知是不是要找的这类树？于是，便有了这次探访之行。

淮军抗法名将刘秉璋的基本情况我是知道的。作为从庐江这方热土上走出去的淮军将领，他跟随李鸿章创立淮军、"平吴剿捻"，誓死保国、威震镇海，治蜀八年、殚精竭虑，后告老还乡、办学兴文。刘的出生地，在泥河镇洋河村刘破院村民组，现已无什么遗迹。刘氏宗祠在矾山镇刘墩村，被太平军毁后刘秉璋倡议复建，新中国成立后改为小学，前些年退出复原。刘在三河镇有故居，那应是他发达后买地盖的房。泥河—矾山—三河，从出生地到祖居地再到终老地，三点一线，尽管其中有不少历史疑团，但刘秉璋的发祥地以刘墩为核心，则是毋庸置疑的事实。

从合肥市区开车两个多小时，快到中午12点时，我们才来到刘墩枫岭村。刘氏宗祠在刘墩集上，这儿离刘氏宗祠直线距离也只有四五里路。从宗祠向南开，再向东一拐，从车路尽头的一个山脚下，爬上小山坡，就看到了枫岭村。

村子不大，村前是一个小水塘。由于天旱，塘里只有半塘水。塘埂后面就是扇形的小山村，隐约有几户人家。塘埂西头有一棵高大的枫香树，东头有一棵笔直的梧桐树，山边是成排的毛竹。而在东头塘埂之下，赫然挺立着那棵已被抢救性保护的古树。

远远看去，这棵已截干、截枝、穿上绿网"防护服"的古树，现状仍有6米左右高，胸径有0.7米左右。从地平线到发枝点有3米，再向上面是3米树干。可惜更上端的树干已截断，看不出上面还有多高。四旁树杈多已截掉。整个树看上去只留下一个大的躯干。

为了防止被风刮倒，在树的四周用毛竹搭起了一个四面梯形保护架，还向四周拉了几根钢丝固定住。也许是为了防晒减少蒸发的缘故，还给树身包了一层绿色保护带，顶上盖了一个防护网。

来前就听友人说，这棵树可能保不了。对此我不愿往这方面想，一心寻找生命

的迹象。树干、树身看不出生命迹象，猛然看到树下西边发了几个新枝，上面竟有新长出的叶片。这种叶片不大，有点像蚕豆苗，黏乎乎、毛茸茸的。这样的叶片我见过，那是在李鸿章家庙。并且在主干的几个树枝上也发出了些许新叶。我不禁惊喜地叫起来：这与李鸿章家庙的那一棵是一样的，真的是望春树，而且树还活着！

我们忘记了夏日的暑热和开车几个小时的疲惫，心里的快乐犹如这满耳的知了唱个不停。这棵树生命力真是顽强！但它又是从哪儿来的？带着好奇，顺着小路，我们向南走进小村，看到有几户房子虽然还是半新的，但人都搬下山住了，村庄已废弃，几乎荒草没膝。从村庄规模和房屋规制上看，这儿又不像是大户人家所在地，似乎与刘秉璋没什么关系。但这棵树又从何而来？为何又与李鸿章家庙的那棵望春树同祖，并且都已到了垂垂老矣需要倍加养护的临暮之年？

带着疑问，我们走到离这小村不远的搬迁小区。小区房屋顺路而建，大致有十来户。一问大多姓刘，与刘秉璋同姓同祖当没问题。但问及知道不知道刘秉璋、刘大帅，都默不回答。当问到刚看到的那是一棵什么树时，一位老大姐说，望春树，一开春先开花，然后再长叶。她还介绍说，去年夏天，也是这个时候，树被风刮倒了。后来上面来人将树扶起来，拉钢丝，架护栏，打"吊瓶"，费了好大的劲儿，但也不知能不能活下去。我告知能活下去，看到新枝新叶时，众人都露出开心的笑。那位大姐还说，望春树可有灵气了，哪年花开得齐扎（整齐之意），哪年年成就好。

离开这里，我们来到刘墩集上的刘氏宗祠。从外面看，甚为壮观，可惜门上了锁。我透过门缝向里看，只见廊柱等油漆一新。听说正准备利用这个地方布展刘秉璋有关事迹陈列，近期择日开馆。

将名人事迹陈列与宗祠结合起来，发挥多重作用，这是一个好做法。我们对历史上一切有益于民族的人都不应该忘记。总结刘秉璋的一生，其最辉煌的当是镇海保卫战。在中法马尾海战惨败、一片风声鹤唳的情形下，作为浙江巡抚的刘秉璋未雨绸缪，带印巡视各海口积极备战，战前誓言以死报国，激励全军将士，后历时103天血战，终致敌舰三犯皆败而归，大长了中国人民的志气。

现今在浙江"镇海口海防历史纪念馆"内，在"抗法厅"《御法大捷　威名远扬》的标题下，坐着一位气宇轩昂、身材颀长、穿着长衫、手执鹅毛扇的儒者，他就是当年指挥那场镇海之战的浙江巡抚刘秉璋。图片下面的展馆文字写道："在1884年中法战争镇海之役中，他亲自决策，对镇海抗法保卫战的胜利做出了重要贡献。"这就是历史的结论，这是刘秉璋一生最大的辉煌和荣耀！

在读这段历史时，我特别感佩刘秉璋战前对家人的誓言。他说："万一战场失利，我得对国尽忠，夫人要尽节，三个儿子要尽孝，小四小五尚小，送给李鸿章了。"此言一出，军中将士无不铁心报国。中法之战镇海一役，中国取得全胜，法军舰队司令孤拔受重伤，不久死在澎湖列岛。这是中国近代史上抗击外来侵略的战斗中为数不多的取得完全胜利的战例之一！

返程路上，我老是在思忖：这棵望春树怎么与李鸿章家庙的那一棵有如此高的相似度和差不多的树龄，二者到底有没有什么关系？凭李鸿章与刘秉璋的师生之谊、姻亲关系，相传当年伊藤博文赠了四棵望春树，送一棵给刘秉璋也未尝不可，栽在刘氏故园亦非完全臆想；刘秉璋的祖居地到底在哪里？也许他发迹前一文不名的历史被有意无意地淡化了；但刘秉璋的墓园保护完好，在万山镇一个风景如画的小山冲，2011 年 5 月修复后，刘氏后人等还前来举办盛大的开园仪式，至今，万山镇还有一个新改名的刘秉璋小学。

这些断断续续、若明若暗的祖居地、刘氏宗祠、墓园以及望春树之间的联系，到底有没有关联，是否可以合在一起联想？似有意义，但又似牵强，也许并无必要。历史毕竟远去，一些细节难以还原，作为后来人，我们可以做到的至少有以下两点：一是挖掘、传承刘秉璋的卫国精神；一是将这棵望春树保护好，使其来年先花后叶、年年花繁叶茂……■

（2022 年 7 月 10 日）

曾院的"硬石种榉"

古树有灵性，名树有人文，古树名木就是一本书。

有一"硬石种榉"之传说：古有一才子进京，怎奈名落孙山，遂携妻登天门安于田园。其妻劝夫奋发踔厉，毋可自暴自弃寄情田野。夫曰：若此方硬石可长于榉，吾便苦读诗书立于朝。妻寻榉而种于石，日日辛勤劳作。其心感天，遂降祥瑞。世人皆曰：应试中举，吉兆也。

榉树，国家二级保护古树，常见散生于村旁宅后、山丘陵，根系发达，树冠庞大，材质坚韧细致、纹理美观，是古树中的珍品。庐江矾山镇石峡行政村曾院村民组就有这样一棵树龄352年的榉树。只不过，这里没有"硬石种榉"的传说，倒有硬石护榉之行。

正是小暑高温季节，7月9日下午，我们来到曾院村。这是一个有70多户300人左右的小山村，农村环境整治后，村里显得很干净整洁，一栋栋二层小楼掩映在绿树浓荫之中。

曾院村的房屋统一建在小丘坡上，坐北朝南。环村道加中间一条南北路构成整个村庄建设格局，中间路的制高点正是这棵榉树的生长点。从北顺路进村，不远处就看到这棵高大的冠美叶繁的榉树。树的东边是村里南北的干道，刚修好的柏油路，离树不过1米左右。看似树、路在同一个地平线上，树根就在路边；其实，向西是边坡，坡西有一栋二层楼房。由此，榉树的西边则悬坡凌空。乍一看，真担心榉树会西斜倾倒。但再向前一走，看到在榉树的南边建有台阶，可以下坡到路西的人家。回过头一看，在树的西半坡保留了一小块地，并由下向上垒砌了一处护石墙。此墙半圆弧形，2米多长、近2米高。这样就将古树牢牢地撑着、护着。而树根的一条根径则由半坡露出地面，呈三角形与路面横斜着，足有2米长。我上前抚摸着树根，感觉犹如一棵放倒的古树，在默默地经风历雨。

正在细看，西屋大姐来了。她对我说，这棵树的树根长着呢，一直穿过路，延伸到前面那户人家。

正是向东的树根延伸，向西的石块砌护，一东一西的二力作用，才使榉树历经300多年而不倒。这既有大自然的神功，更有人之力量。

我问大姐，这护砌什么时候做的？她说，20年前，花了2000块钱。我故意问，为什么要这么做？她说，不砌，树就要倒；树倒，就要压坏房子。我赞扬她家护树之举。出人意料的是，她倒不以为意，并抱怨说，为了这棵树，春天扫花，秋天扫叶，烦人得很。我又故意问，那为什么不把树砍掉？还未等她回答，随行的村妇女主任急忙说，挂了"牌子"，哪能砍？

原来，榉树上挂着一个保护标牌。上有树名、编号、树龄和挂牌单位（市绿化办）、挂牌日期，还有二维码。由此，我们便聊到了古树的价值和保护。说话间，东屋的大姐也来了，大家边看树边热烈地聊起来。

这棵榉树，当地又叫榔树。来前查资料知，榉树是合轴分枝，顶芽常不萌发，而由梢部侧芽萌发三到五个竞争枝，形成庞大的树冠，不易生出端直树干。现在一看，果然如此。从北向南看，树的造型很简单，就是一个"Y"形。树根之上2米（不包括坡底根）是分枝点，然后东西各向上分枝。东枝明显要粗壮些，并各按2米为一段，有三处分枝点，加起来有16米高；西枝瘦弱些，但也有15米高。树皮光滑，黑中透白。树叶较小，与榆树叶区别不大。整个树看上去树干粗壮突出，树叶碎绿，欲覆难全，可一眼穿透。

西屋大姐说，树开花也结果，但花很小，果也不大。由于又多又细，风一吹，树一摇，春天扫花，秋天扫叶，很费力。一刮风，就是我们两家一起扫。我说好，你们这是在护树。我还开玩笑说，古树有灵气，会给你们、给村里带来好运的。东屋大姐说，什么好运？又不是什么"摇钱树"？我说，怎么不是？你们村里古树多，单榉树就有好几棵，这是无价之宝。未来村里可以搞个乡村旅游，城里人来看古树，你们在树边卖些饮料、农副产品，古树不就成了"摇钱树"吗？她们对此将信将疑，说还不知道哪年。我说，快了。

我寻思，大姐的话乍一听虽然有些刺耳，但很朴实，反映的是对古树的自然保护心态。很难说其觉悟多高，但这意识是千百年传承下来的，因而对古树的保护就是"自费"和自然而然的了。

回来之后，我上网查了榉树的有关资料，才知道"硬石种榉"的典故。相信这两位大姐也不知道这个典故，但她们却用"硬石护榉"、日常清扫等行动，保护、成就了这棵榉树。也许，这也暗合了这个典故的美好寓意吧！■

（2022 年 7 月 12 日）

"许愿枫"装了"安全门"

树老空心、树高易折，怎么防护？庐江矾山镇石峡村毛笼村民组有一棵430年树龄的枫香树，专家们的办法是，在采取一系列防护措施的同时，在空心部分装了一个门，上了一把锁。

枫香树是高大落叶乔木，是"春也艳绿，秋来流丹"的色彩树，是叶可煮五彩糯米饭、果可入药的八宝树，是引人吟诵"坐爱停车晚"的人文树。当然，民间还赋予其他功能，如矾山镇这棵古树，当地老百姓就称之为"许愿枫"。所谓"许愿"，想必就是有求必应、有应必还的民意和民俗了。7月9日下午，我们冒着高温酷暑，赶到那儿一睹芳容。

"许愿枫"长于毛笼村釜顶山北，背山面田，生态环境极佳。从一条县道拐进村来，向西不远处，一眼就看到枫香树。嚯！这么高大！我们急步上前，看到高大美丽的枫香树鹤立山间，只是整个树身北面被几根铁杆牢牢撑住，感觉像是怕被风吹走一样。再向前看，树身上竟有一扇门，门上还上了一把锁。上前一敲，嘣嘣响——原来里面是空心的。

这是怎么回事，为什么要这样做？随行的村干部介绍说，原来这棵古树干腔空朽，人都能进去，随时有倒伏危险，特别是有人在树下空洞处烧香、摆放功德碑，在树体缠绕红绸，极易失火，几年前就发生过一次火灾；而且树老了，内部有白蚁危害等。为了解决这些问题，去年下半年，市林园局组织了这次修复。

听罢，我们更感到古树的神奇，迫不及待地以欣赏者的眼光赏起树来。这真令我们大饱眼福。目测树有30多米高，我后退试了一下，要仰头才能看到树梢——头戴帽子一定会掉下来的。树粗两人合抱不过来。从树根向上2米处是发枝点。从西北方向看，东西各两大主枝，次枝并不多，数一数总共9~10枝。树干、树冠、树叶比例合理，干枝、树叶浓淡相宜，在山背绿竹映衬下，犹如一幅绿色的风景油画。对于这棵树的特点和优点，树旁的一块碑文介绍得很详细、很专业，比我的叙述更好，不妨照录如下：

> 古树魁梧硕壮，号称"庐江第一枫"。它高达35米，远远望去像一座宝塔，巍然屹立于釜顶山麓。古树胸围达445厘米，三人牵手方可合抱。平均冠幅23米，荫地近一亩。盛夏季节，枝叶蔽日，犹如巨伞，呵护行人。

> 古树生于巨石之中，相貌端庄，形态吉祥。尽管基部空朽达4米之多，但端详其轮廓，仙风道骨，似圣如神！再观之，其轻舒右臂，遥指东方，像是仙人指路，又似圣人授课。左上方树包隆起，犹如一轮隐约红日，冉冉升起，给人以无限希望和温暖。

真是妙不可言！碑文也是一篇美文。虽然落款是石峡村民委员会，相信是高人代笔。

为了保护这棵古树，去年市林园局和当地政府对古树进行了修复。回来后，我向市局曹晓红、仇晓明同志了解相关情况。她们告诉我，为了这棵树的修复，市局请安徽农业大学的束庆龙教授、安徽省林业科学院的胡一民教授做总体规划并负责设计，请安徽农业大学的邵卓平教授做支撑设计，最后由黄山博林生态公司做修复工程。

据介绍，修复措施主要有：一是枯枝修剪，枝条整理。二是周边毛竹、乔灌木的清理。三是干腔清腐防腐处理，拆除树洞边缘砖砌墙体，对干腔内部腐烂物进行高压清洗、打磨，当干燥后清除洞内灰尘，再喷施一定比例的药物等。四是支撑加固，这是整个修复的关键。在树洞内部，安装龙骨，焊接四柱顶跨结构式支撑，防止树体倾倒。还在树壁处编织铁丝网，将空洞处"缝补"上。在树的外部，安装支撑架。支撑架两竖立地两斜插地，呈下大上小梯形，通过铁环与树相连，一下子掐抱住树身，这样再大的风也奈何不了。胡一民教授自豪地说，这样处理足可抗10级大风。五是安全链防护。在树的北侧根系范围内安装防护链，禁止游客靠近树体，避免再放碑石等。六是病虫害防治。七是树干杀菌涂白。

对整个修复工程，我感到最有创意的是在原空洞处装了一个防护门。胡一民教授告诉我，原先处理古树空洞，采用的是充填材料，现在已不提倡。于是，这棵古树里面仍维持空心状。为了防护和检查的方便，便在树壁上保留设计了一个门形，新装了一个木质安全防护门。有趣的是，门的造型是一个圆弧形，用仿真涂料涂上与树皮一样的颜色，但圆弧是用竹子镶嵌上去的，因而门型显得十分显眼。门上配了一把锁，钥匙放在村干部手中，定期进行检查。胡一民教授还说，从门里进洞，可藏两人，洞高不碰头。树洞之大可见一斑。

这真是树洞一绝，也是别具匠心的防护之举。对如此大的修复，当地老百姓的态度如何？随行的村干部说，都很支持，特别是清理"许愿石"时。她还说，一开始很多人还有些胆怯，树上裹的红布都不敢揭，是村干部、专家、修复工人上去扯掉的；然后，大家去清理杂物，再进行防护处理；过后将"许愿石"向东移到现在的位置。现在大家都觉得很好。

我也觉得如此一来，对保护古树和尊重民俗求得了最大公约数，应是一个不错的结果。但未来是否可在网红打卡点的规建、宣传上下些功夫，让这棵枫香树发挥更大作用呢？似可考虑。■

（2022 年 7 月 17 日）

花钱买来的古黄连木保护

　　肥东长临河镇四顶（山）社区徐万二村有一棵101年树龄的黄连木树。我们昨天（7月16日）下午探访时得知，这棵树属于村民徐立方，是他40多年前花80元从生产队买回来的。

　　徐万二村在肥东县最东部，与巢湖市中庙镇毗邻，属湖滨丘岗地。从滨湖大道向东斜走进去，依次进入修建一新的县道、乡道、村道，十来分钟，便来到这个岗地上的美丽小村庄。在一位老乡的带领下，我们来到村中一条巷子，看到十多人正在房前树下纳凉，而那遮阴之树便是黄连木了。

　　黄连木是合肥2021年公布的第一批十大优良乡土树种之一。这棵黄连木长在原祠堂园里，东、北、南三面都很敞亮，远离建筑物，正西方是徐立方的家，因而生长环境很好。树有13米高左右，胸围在140厘米，冠幅平均8米，东西、南北大体相当。树略向西斜，从树根到发枝点足有3米高，之上向四方均匀发杈。树皮呈鳞片状剥落，看上去像古代壮士的铠甲。树叶一如当地的榆树叶，只是更绿些。树长势很好，看上去是壮年态。只在树根底下补了一小块水泥，原先那儿有一小处空洞，是拴牛造成的，堵住是防止水进去烂根。

热情的老乡听说是来探树的,便纷纷介绍个不停。

"这黄连木能干什么用?""打家俱最好,不变形。"

"树什么时候发叶?""每年别的树没长叶的时候它长叶,别的树叶黄了它还青着。"

"树要浇水、施肥吗?""从来不要,什么都不要管。"

"树开花结果吗?""不开花,不结果。"(回来后查资料,知黄连木先花后叶,也结果,只是很小不容易看到罢了。)

"树叶能吃吗?""不能,牛也不吃。"(其实幼叶可充蔬菜,并可代茶。)

"那除了打家具,还有什么用处?""可以遮阴啊,夏天在这里一起乘凉多快活。"

对。这也许是黄连木的最大好处了。用现在时髦语言说,这可是生态效益的具体体现。我站在树下端详一番,向树西徐家目测,从树根到这户人家的遮阴面积,至少在一二百平方米。我想,夏天晚上,搬个凉床,放在树荫下,仰天数星,清风徐来,岂不快哉?

我这么一说,众人都笑起来。一位老乡说,这已是一二十年前的事了。现在家家有空调,早就晚上不出来乘凉了,凉床也早已成文物。只是白天,还三五成群围在大树下、房屋前乘凉、拉家常。

看着树上挂着署名市绿化办的保护牌,我不禁好奇地问,这棵古树现在是属于村里的还是私人的?众人直指屋下站着的徐立方老人说,是他家的。"对,是我家的",徐的爱人坐在门前小凳上说,"还是我家40多年前花80块钱买来的。"

原来,两位老人回忆说,当年还是生产队时期,队里急着要钱,要将村里几棵古树卖掉。于是,徐家便花80元买下这棵黄连木。"为什么要花这么多钱买?当年一个普通老师月工资才40多元,这可不是小钱?"我反问道。老人答复很简单,这棵树在我家门口,从小就爬树玩,砍了可惜。

原来如此!这是一种十分朴素的情感依赖。正是由于这种与生俱来的"相看两不厌",才有了这棵古树的"公转民"和随后40多年的保护。两位老人还告诉我,当年生产队总共卖了五棵黄连木。除了他家这一棵外,还有一家买了一棵,只是第二年就因为树长得不好,换成别的树种了;另一家买了三棵,长在村的东头,至今也在，买的价格大体差不多。

这倒有些出人意料，竟有如此转卖、保护古树的好事？从这儿离开，我们急切地穿过一条巷子，在村东南头找到另三棵黄连木。从巷西向东看，三棵古树由西向东一字整齐排开，上面都有一个小牌，那是市绿化办挂的保护牌，内容都一致。由于三棵古树离得较近，前面有一口小水塘，后面是房屋，生长空间不如徐家的，故树高、长势等都不如徐家的。但总体亦属中上等，树冠、树形、树叶等看上去大同小异。

只是三棵古树的树根都略有一些空洞。最西头那一棵，有一个二尺高的小树洞，现已被修复。中间这一棵，树下有一长形树洞，树干上有一枝已被截断。最东边这一棵，根北边有些损伤，露出的树躯有些像古柏那样沧桑，似需养护；从村外路边向西看，这棵古树造型有些独特，树干先是向北弯，在1米处再向东折，似有游龙之感，曲折之处有损伤。

古树依屋在，房主在哪里？回过身来，只见大门紧锁着。透过院门看过去，后面是一栋二层楼和小院。西头两棵树中间前面还有一个小水塘，只是已近干涸。想当年，这是一个很理想的居住地了，现在也不差。问西头的村民，主人去哪了，他们回答说，在城里干活，春节回来。

徐万二村是名副其实的"绿村"，除了这四棵挂牌保护的古黄连木，还有很多大树，有的树龄可能接近挂牌保护的树龄。就在那三棵黄连木的西头，有一组两棵青桐，一组两棵雪松，都高大挺拔。青桐之下，还精心做了树池。在村里很容易看到被房屋夹在中间生长的大树。通过这些看得出保护者的用心。

我在村西头与几位老乡聊，称赞这里古树保护得好。一位老乡说，是，但前几年也砍了几棵。另一位老乡说，不能再砍了。我说，对，一定要保护好。人不负青山，青山定不负人。你们村古树多，长寿的人就多。村中徐立方家花钱买古树，并且几十年精心保护，现在好人有"绿"报，家庭幸福，儿孙满堂。再说你们这儿离中庙、四顶山风景区很近。现在村庄环境整治不错，古树也保护得很好，未来不愁没人来。到那时，就可以搞乡村旅游。一位老乡接过话题说，是的，前面沙二岗村刚开办了民宿，生意很红火。我说，对，以后也可以这么办。让古树成为吸引市民下乡的亮丽风景，成为农民致富的"摇钱树"。■

（2022 年 7 月 17 日）

四顶山吴的古树群

肥东长临河镇四顶（山）社区，靠山临湖散落着若干吴姓村，村名取得很有趣。在碾头吴、山嘴吴中间的鸽子山有一果园，挂牌保护的上百年的古树竟有十多棵。这在合肥滨湖地区是独有的。7月16日，我们去那儿一探究竟。

这是一处吴姓私人果园。从环湖大道临近中庙处，拐到碾头吴村，过了一口大水塘，向南便是鸽子山。此山离巢湖2千米左右，山并不高，称岗地倒较为合适。而那果园正在山的西部，靠山坐东向西，呈一前大后小的喇叭形。果园并不大，树种也不多，只有柿树和沙梨。

但奇妙的是，在果园的进出口处，一北一南，各有一棵141年树龄的黄连木。北面入口处的黄连木有10多米高、胸径40多厘米。树干较直，分枝点高3米左右，枝杈不多，但树梢细密，微风吹来，绿叶拂动。问随行的老乡，说没看到开花，也没看到结果。树皮看上去既像是鱼鳞，又像是古代将士的铠甲。南边的黄连木长势好些，树皮稍显光亮。

今年大旱，但果园的柿树长势很好。数了数，挂牌保护的柿子树竟有9棵之多，树龄都是141年。这些柿子树，一般都在7~8米高，粗壮，发枝点不高，一般有两大枝或三大枝，小孩很容易爬上去，自然是摘柿、玩耍的好去处。柿树叶子很大，也很油亮，只是今年基本没有挂果，找了半天，才在树头看到一两个小柿子，许是干旱的原因。两棵沙梨树长得不好，也是141年的树龄。一棵高高瘦瘦的，有9米多高，上面已看不到叶子，像是一根长棍插在地上，树的关节处树皮绽裂，犹如要散裂的盔甲。一棵较小，但也有4米高，呈"Y"形，树下涂了防护色，但上部看上去犹如没有水分的干柴，生命垂危，更不见什么果子。

细细看，这个果园当年一定是精心规划设计的，以柿树为主，夹杂着几棵沙梨，果园布局错落有致。但为什么现在几成近半荒状态？随行的老乡说，果园的主人姓吴，早已过世。他老伴姓刘，90多岁，身体很好，就住在前面的山嘴吴，古树园一直是她在照看。

我们便想找到刘老太。于是，顺路向南走，来到不远处的山嘴吴。这是一个不大的小村庄，几个人正在村里铺设污水管网。几经打听，找到古树园户主的家。可惜刘老太进城了。虽然有些遗憾，但我们在她屋后园里惊奇地发现，她家竟是"绿化模范"。原来院子里有三棵长得很好的油桐，保护得也很好，特别是有一棵油桐是在一个老树根上发出来的，而那老树根正犹如一个张开口的鳄鱼嘴。村里一位大姐告诉我们，这原先是一棵大树，很粗，长得弯弯的，前些年死了，但又发出了新枝。她还说，刘老太在家时喜欢树，很勤快，经常收拾园子。怪不得，由此我们看到了绿的保护和传承。

从山嘴吴返回途中，过大塘埂又到碾头吴。塘埂上几位老人家正在树下乘凉，我们便前去攀谈起来，聊起了古树园的前世今生和小孩子当年偷果子的趣事。

老人们说，古树园六七十前果子特别多，一棵树一年能结两稻箩果子；小孩子经常去偷吃，白天不敢，就晚上去；看园的老太太眼睛不好，小孩就在他面前明着偷；有的小孩精屁股花花（意为光屁股），偷到就跑，要是老老太在后面追，他就往塘里跑；老人家并不凶，只是骂骂吓唬吓唬而已；割早稻、栽晚稻时节，偷两个柿子往田里一塞，第二天下田时掏出来洗洗就吃，半生不熟的，涩嘴。只是，现在没有人去摘柿子了。前两年，柿子树还结柿子，刘老太还亲自去摘柿子呢。

听着老人的叙述，我也回忆起少时一次在学校柿园"偷"柿时的难忘情形。那是何等快乐的少年时代！我问，那现在的果树园归谁管？随行的老人说，古树现在是市绿化办挂牌保护的，但树还是吴家的，自然是她家管了。然而，我想，现在可能由于效益问题，也因为人不常在家等原因吧，果园有些疏于管理了。这么多这么好的古树，长此以往，其命运岂不令人担忧？

走在乡间小路上，我思绪万千。联想到在山嘴吴与一民工的交流颇有感触。他说，现在乡村建设，一些古树怕保不住。我问什么原因，他说，是地方没这个意识。这话一语中的，应引起我们高度警觉。现在，一场声势浩大的乡村建设、环境整治正在兴起，如果整治、建设中不注意保护树木，那乡村还美好吗？如果有古树而不珍惜，不加以管护，那村庄的魂灵岂不丢失？现在，碾头吴村乡村环境整治已初步结束，村容村貌焕然一新，更可喜的是村中有人利用农房改造开办了"橘徕小院"。那可不可将民宿建设经营与古树保护利用结合起来，走共建共保共享之路？想想有些道理，便拨通了长临河镇一负责同志的电话……■

（2022 年 7 月 19 日）

张治中故乡的"楷模树"

得知市林园局组织开展古树修复保护观摩活动，并给张治中故乡一棵黄连木挂"楷模树"的牌子，我欣然应约前往。

张治中是国人皆知的"和平将军"，其故乡巢湖市黄麓镇也是我的家乡。我们从小就听大人讲述将军爱国爱乡的动人故事，对将军充满了崇敬之情。

正是大暑前的一天（7月22日），"日盛三伏暑气熏"。但热浪挡不住护树求知者的脚步，上午9点多，我和与会的30多名同志齐聚洪家疃这棵黄连木前，请专家、修复公司的同志讲解修复要领。

洪家疃位于巢湖市、肥东县交界处，背靠西黄山，四周被山、岗、冲护卫，几股水流汇入村前清水塘，是典型的巢湖北岸聚居村。张治中将军的故居就在村东头，而这棵黄连木则位于村南离将军故居不远处。

为什么叫"楷模树"？首先是因为树的植物性特征。黄连木是合肥2021年公布的第一批十大优良乡土树种之一，也是遍布全国25个省市区的古树，可谓"材貌双全，树中楷模"。黄连木为漆树科黄连木属落叶乔木，又名楷木、楷树、黄连树、黄楝树等；其树干刚直挺拔，疏而不屈，树冠广阔圆形，树皮粗糙呈薄片状剥落，叶片为羽状复叶；有很高的药用价值。黄连木又具人文价值，自古即是尊师重教的象征。史书载，"孔子冢上生楷，

周公冢上生模"。因此,黄连木备受国人喜爱。

然而,这棵有着310年以上树龄的黄连木,前些年也出现了一些问题。在修复现场,专家向众人介绍说:首先是人树争地。树的南边是一农房,树身紧贴农房,树根伸到屋内,树枝盖过屋顶。其二是屋檐水浸根问题,对外排水不畅,水往树根流,对树根造成损伤。其三是树根附近土壤板结。其四是腐朽菌等病虫害影响。

针对这些问题,这次修复采取了多重措施。主要有:枝条整理,消除安全隐患;调整冠幅,适度控制营养;改良土壤,扩大护栏,优化生长环境;新建排水沟,导出屋檐水;喷施药剂,杀菌涂白,治理病虫害;对树洞进行修复,防止干裂、雨渗。一个过程下来,正验了"人要衣妆马要鞍妆"——树也要"绿"装。现场的专家高兴地说,这棵树修复后,几十年内没有问题。此刻,听完介绍,我细细品赏这棵古树,感觉更美。

古树长在村中两巷交界处,为两水相汇而生。北、东、西都无建筑,唯有树南是一农户的平房,生长环境较好。树高15米,胸围320厘米,冠幅达15米。古树发枝点在2米以上,向上是两大主枝,分枝则很多。从发枝点向上看,枝条就像孔雀开屏般美丽,只是绿叶比孔雀的羽毛少了些。左看右看、上看下看,真是一棵无可挑剔的"楷模树"。

那么命名为"楷模树"还有其他寓意吗?当然,竖的牌子上说得很明白,张治中在家乡办学,"被视为中国乡村教育的楷模"。因此,这棵长在将军故乡的黄连木便被连带称为"楷模树"了。

这是历史事实,联想也很恰当。其实,除了兴办教育,张治中将军在家乡、在中国历史上,还有很多可称为楷模的事迹。

——牢记母训"咬口生姜喝口醋",不畏艰难,奋发有为,成为对国家、对民族有用之人。这句家训,也激励无数黄麓人在外打拼,成长成才,是黄麓时至今日最有名的家训。

——在民族危亡之际,两度率兵抗日。1932年"一·二八淞沪抗战"和1937年"八·一三淞沪抗战"中,将军"以誓死的决心,为保卫祖国而战"。正是因为此,日寇后来还报复性地烧毁了将军故居的部分房屋。

——传承重文忠勇家风乡风,激励家人报效国家。其弟张文衷牺牲在抗日战场,牺牲时结婚仅8个月,留下腹中女。

——为了和平,三赴延安,推动、促成国共重庆谈判。

——兴办教育,报效桑梓。他曾动情地写道:"我有一个实验乡的计划。北至

淮南铁路，南抵巢湖，东起烔炀，西至长临，筑成环乡的乡道，再在各村修村道；同时，办一百所民众学校。……我曾多次和黄麓乡师的杨效春校长商量，想把乡师逐渐扩大，成为大学，附属一所中学、若干小学。此外，如科学馆、天文台、图书馆、医院等应有尽有。我脑中常常涌出一幅美丽的图案。"而今，这幅美丽的图案已在中国共产党人手中变成现实。黄麓师范已几次扩建，黄麓镇区也建成大学城。

——在国共和谈破裂的情形下，转向新生的人民政权，为新中国建设继续做出独特的贡献。在此前后一段时间，将军陷入貌似"不忠"等苦闷，是周总理的多次开导，才使他放下心结。周总理批评说："你是封建道德，你为什么只对某些人心存幻想，而不为全中国人民着想？你为什么不为革命事业着想？"后来张治中将军说，"我也终于豁然想通了。"他说："我和蒋介石的关系，既然不是封建的关系，不是君臣主仆的关系，而是革命的关系，革命组织的关系，那么，答案就出来了，问题就解决了。今天的国民党早已解体了，早已反革命了，蒋介石的领导也早已走上反革命的道路了。我们自信是一个革命党人，党魁不革命，我们如何能够为一些私人情谊的原因，而盲目地跟着走，抛弃了自己的革命立场呢？到了今天，我们如果还看不清是非，看不出民心向背，看不到世界潮流，我们还能算是一个革命党人吗？"

——将军忠于家庭，品德高尚。张治中夫人洪希厚原是一个一字不识的农村妇女，到北京之后，要参加会议，才学会写自己的名字。洪与张指腹为婚，两人恩爱一生。当有人劝张治中另娶出身高贵的小姐时，将军说，"她是我孩子的母亲，也是我的家乡人。抛弃了她，我将来何以向子女交代？何以面向家乡父老？"

张治中将军是能文能武的爱国将领，是重情重义的谦谦君子，他虽然逝世53年了，但家乡人民仍时常怀念他，都以张治中将军为骄傲。将军是做人做事的楷模，黄连木是树的楷模，二者联系在一起，挂名"楷模树"是名实相当的。

树前的碑文总体写得好，只是所引述的一段历史，我不很清楚。碑文说，张氏先祖为庄廷珑，因清初文字狱"脱身图生远遁，改姓更名，定居洪家疃"。黄连木正是发于张氏前来之后，便曾有传言，"此树成材之日，该村必出楷模之士"。我还是第一次知道这样的说法，未曾在《张治中回忆录》等中读到。

不过，考证与否并不重要，关键是洪家疃村有这样一棵被世人美誉为"楷模树"的黄连木，更关键是张治中将军确实是人中楷模，因此，将二者联系起来叙述、传颂，便是很自然的了。■

（2022 年 7 月 25 日）

细致入微护柿树

古树名木之二十

肥东元疃镇三合社区许高头村两棵长在一起的柿树树龄已达300年。北头这棵长势还不错，南头的一棵却有大问题。主要是：

树干2/3已空洞，大风一吹，极易折断。我看了修复前的照片，树根以上1米多处，只剩下北边弧形的树皮。安徽农业大学的束庆龙教授说，柿树活像是个残疾人，看着很难受，需要安装"假肢"，新配"拐杖"。

树根处下雨时经常积水，有腐烂等隐患，树身有病虫害发生等问题。

于是，今年上半年，由市县两级林园部门对这两棵柿树进行了修复。修复的主体是南面这棵，修复的办法自然是对症下药。

——修复树干。采用内打支撑、外拉引线、抱箍连接等办法。内部支撑材料用的是老柿树树干，并用桐油清润，还进行了防腐处理。在柿树原断破处则做了内龙骨支撑。我细看了修复的照片，是将人字形的两根龙骨，嵌入根部浆砌护基，犹如新长的柿树筋骨。树干向下南北斜拉两根引线，并且还向西加了一个铁制撑杆。只是涂用仿真材料后，这个"拐杖"看上去像是柿树的原有分枝。

——解决烂根问题。采用降坡、扩大树池、新建排水设施等办法。

7月22日中午12点多，骄阳似火，知了放声歌唱，像是热烈欢迎参加全市古

树修复保护观摩活动的同志。大家兴致勃勃来到这两棵树前，听修复公司同志、古树修复保护专家现场讲解。

这里原先是一片果园，两棵柿树呈一南一北分布，相距4米多。北边的柿树只对根部做了不大的修复，花大工夫做大手术的则是南边这棵，修复后已看不到原来的病残状。这棵柿树高约10米，胸围150厘米，冠幅平均8米。虽然天旱，但树叶油亮，显得生机勃勃。安徽省林业科学研究院胡一民教授说，这归功于这次创新性修复。

创新在哪里？他们介绍说，除了主干修复的通用办法外，主要体现在一些细节的创新上，而这些细节之处，又事关柿树的生命。

一是给树洞留了3个排气孔，好让洞内空气流通。

二是在树洞中间留了1个观察孔，可打开观察。用灯打下去，可看到内部结构。还可放内窥镜观察。

三是在树根下装了排水孔。当雨水顺树淌下时，不让其在根部集聚。

四是在树上"划"了一道横缝，让风能吹进树里。

五是在树的旁边装了两个复壮器。这个复壮器是公司的小发明，目的是引风进洞，影响树根泥土层，防止土壤板结。

我们站在树下，跟随专家的指点，一一辨析这些孔洞，对这看似简单但实具匠心的设计由衷地表示佩服。

但是，对修复结果专家仍有不满意之处。束庆龙教授指着树上一条新"划"的裂缝，毫不留情地指出，这条缝划得不对，应该划在南边，同时还要在北边划同样长的缝，这样，风就可以在树洞内对流。胡一民教授则要求，树池内可放些鹅卵石，这样雨水可不直接打在地上，减少土壤板结；同时，可在新装的"拐杖"处种一两棵"攀墙虎",使其缠绕其上弄假成真。

　　真是想得细看得也细,细活救了柿子树。正当大家啧啧称道时,一位同志突然大声地问,柿树修复好了,怎么树头不见柿子?市林园局负责同志回答说,"那是因为柿树大病初愈,为了减少营养消耗,故意将柿子打掉。""原来如此,"提问的同志信服地点点头,"明年肯定又能多结柿子了。"■

(2022年7月26日)

房子可拆 桑树必保

　　故乡又称桑梓之地，那是因为故乡有桑树、有梓树的缘故。故乡在每个人的心中万钧重，因此连带桑梓也同样重万钧。《小雅·小弁》曰："维桑与梓，必恭敬止。"梓树我见过，那是在肥西柿树岗乡的唐五房圩，是淮军名将唐定奎从台湾带回来的。桑树是《诗经》中出现篇章最多的植物，共有20篇。合肥的山丘倒也有不少桑树，肥西更有大片的桑苗基地，那是蚕宝宝的"口粮田"。肥西周老圩（现农兴中学）也有一棵古桑树，可惜已有病朽状。而包河区大圩镇圩西村大姜村民组的一棵上百年桑树，是我见到仍呈年轻态的古树。村庄正在拆迁中，万幸古树得到了很好的保护，未来也将继续原地保留。

　　7月23日（周六）上午，我们兴冲冲地开启了"每周一树"古树探寻之旅。本以为会很快找到这棵树的所在地，哪知因为圩西全村的拆迁，到了大姜村民组地界反复打听，转了几个圈，花了一个多小时才转到这棵树下。

　　见到这棵桑树，第一感觉是：震撼。我们未想到这棵桑树如此粗壮，如此高大，如此枝繁叶茂。户主姓姜，家中只有一位老太太在家留守。老人80岁了，除了耳背，身体很硬朗。大姜村顺堤而建，到处都是拆迁的现场。老人告诉我们，她家的房子也要拆了，都已丈量过了。老人领我们从她家一栋二层楼东边进到后面小院，桑树就贴着屋墙在那儿默默生长。

在院里退后从北向南看，桑树高度至少 11 米。昨天查资料知，树的胸围为 335 厘米，冠幅平均 19 米。也就是说，桑树的宽度长于高度，浓荫覆地、四周舒展。特别是东西横枝顺院墙向两头延伸，南枝则盖过楼房后面的披厦，直逼二楼楼顶。老人说，过去天旱，树叶会变黄落下，今年天这么干，桑叶还未落。听罢老人介绍，更感觉桑树强大的生长气势，似有无穷生命力在向四周迸发。远远看，整棵桑树就像是一簇落地的大烟花。老人却说，更像是"灯笼灯"。

走到树下，试着用双臂抱树。老人笑着说，这要有三个人合抱才行呢。抚摸树身，虽有些粗糙但感觉树皮上了层油，许是营养充分树油渗出来的结果。一眼看上去，树干的颜色黑里泛红，又似老水牛的皮肤。

我惊叹树的超长、超宽、超高。老人不以为意,说这还宽?以前东枝一直延伸到院的东头,少说有 20 多米长;西枝盖到西院墙头;南枝长到屋顶,刮风时树枝将太阳能热水器都擦坏了。今年为了保护古树,防止树大招风,防止将屋顶擦坏,便将东西两枝各截了一部分,将南枝盖过屋顶的也截了一段,光残枝就装了几车才运走。

　　这么大的桑树从何而来,又有何用?老人回忆说,她奶奶活到 93 岁,自她奶奶记事时这棵桑树就在。桑树过去开花结果,三四月份先开小白花,五月份结果,桑果先红后黑,很甜。结果的时候,前些年村里的小孩都来爬树摘果。这几年结得不多了,再说现在又没人吃,就没人上去摘果了。

　　我们惊叹这棵树的神奇,猜想这户人家当年一定不平凡。一了解,果然如此。这户人家原先是小康之家、殷实之户。新中国成立前还发生一起女主人(这位老人的婆婆)被土匪勒索钱财遭不幸死亡的惨剧。历经磨难,现如今老人家已是四世同堂。

　　村庄正在拆迁,这棵古树命运将会如何?老人说,儿子带人将树挂牌了。原来,这棵树已被列入全市古树保护名目。他的儿子在镇政府上班,古树挂牌时他也一道来的。老人说,当年有人出价 3000 元要买这棵桑树,儿子和家人都不同意。现在房子要拆了,不知以后会怎么样?我们和她说会保护好的。她说,那就好。房子可拆,古树一定要留下来。

　　老人十分勤快,一边和我们说话,一边用手拔树边的杂草。她还抱怨说,院子里杂草多了,我叫儿子带除草剂回来除草,他总是记不住。看到老人家勤快的身影,我似乎看到了世世代代人们对家园的眷恋,对古树生长的呵护。回来后,与老人儿子通话。他很肯定地说,村庄拆迁,大树特别是古树都保留下来了。家里的这棵桑树,不仅政府要保,自己未来更会一如既往地管护。因为留下了树,就留下了对家的念头。■

(2022 年 7 月 29 日)

记住一名木　佘山胡颓子

　　合肥高新区"古树名木"只有两棵，其中一棵是天乐公园的佘山胡颓子。第一次知道这树名，感觉有些怪怪的，激起了我浓厚的探寻兴趣。周日（7月31日）下午，赶去一睹芳容。

　　天乐公园在高新区科学大道附近，属于主城区范围，离我家开车也就十来分钟距离。一进公园，就看见上百只鸽子聚集在公园北边的小广场上，嬉闹的孩子围着鸽子撒食逗乐。公园并不大，占地也不过70亩，目测分为三大块：一是西北端的鸽子区，一是东头的水景区，一是东南方向的大草坪。而这佘山胡颓子，就在北区与南区的交界处。我们赶到那儿时已是下午五点多，阳光仍烈，汗水直渗衣背。但与往常相反，今天能轻易找到本周探寻的目标树，我们的心情异常快乐。

　　站在这棵树下，结合头天晚上查的一些资料，在静静赏树的同时，不由得给这棵古树作如下的描绘和评价：树名奇特，树形冠美，花果期倒，环境协调。

　　先说树名奇特。上网查资料才知，胡颓子是胡颓子科胡颓子属植物，落叶或半常绿灌木。植株高达3米，具刺，既开花又结果。该植物分布于江苏、浙江、安徽、湖南等地。因模式标本采集自上海佘山，所以称佘山胡颓子。与同科属的胡颓子相比，佘山胡颓子因稀少、观赏效果佳而更显珍贵。两者最明显的差异在于树叶背面颜色的不同。天乐公园这棵古树之所以被称为佘山胡颓子，应是具备以上特征了。只是，我难以辨别。

　　再说树形冠美。天乐公园这棵佘山胡颓子，树龄在120年以上，但长相可不"糊"更不"颓"，而是一棵标准的大盆景树。远看，在蓝天白云下，这棵古树像是被挑挂起来的一个圆形大盆景，高度足有四五米高，冠幅在2米左右。大盆景树球离地一米多，树球垂影之下大地之上，正好有一个多边形的竹篱护栏，犹如这大盆景的大瓦盆，只是这大瓦盆与树球并不真连在一起，而是若即若离。

撑起这大盆景的树根很独特。站在竹篱旁，将头伸进树球里，可以清楚地看到树根在 30 厘米以下是合在一起的，30 厘米以上分成东西两枝，向上至 1 米以上处，又像麻花缠绕在一起。其中东枝长势强劲，牢牢压住西枝。而西枝也不示弱，紧紧缠住东枝不放。再向上，六七个分枝均匀地向四周呈水平线发散，形成一个球状，成为悬在半空中的倒扣的"绿锅"。

或许是生命力旺盛的表现，"绿锅"之上新发了不少直枝，显得既和谐又富有律动。枝条上面布满了绿叶，老叶子正面是墨绿色，嫩叶子正反两面都是银白色。可惜未看到花和果。

回来后了解，这棵古树原本就是一个盆景树，是 1993 年建园时移过来的。当时，这个盆景树种植盆已经破裂，濒临死亡。于是，经协商同意，将其运到天乐公园放开"大脚"，扎根大地，回归自然，这才焕发了生机。2019 年 9 月，又发现这棵古树树体局部出现腐烂中空的现象，树木长势衰弱，存在风险隐患。后来通过专家会诊，精心养护，目前恢复良好。

三说花果期倒。本来以为已是盛夏，我们误了今年的开花结果期。今回来查资料，才知此树九到十月份开花，花是细小白色，开花时还自带一股浓郁的芳香味；来年三四月份结果，果色由青变红，果实味甜好吃。很多地方根据果实的不同特征，对此树的命名也不同。如，因在三四月份结果，有的就称之为半春子；果实味道甜，有的又称之为甜棒槌；成熟的果实招引雀儿来食，又称之为雀儿酥；根据果实长圆形，又称之为牛奶子、羊奶子等。可见，这是一种人见人爱、鸟见鸟喜的植物了。这么一想，今年的花期还未到，明春可以尝果呢。

最后说一说环境协调。天乐公园是合肥市 1993 年精心打造的以园林造景为特色的城市公园，多次被评为合肥市优秀公园。除了这棵佘山胡颓子外，还有不少造型优美的大盆景树。为了烘托营造佘山胡颓子的生长环境，在古树的东边种植了石榴树，此时，石榴已经挂果；在西边种植了紫薇，此时，紫薇正艳丽开放。几种植物综合搭配一起，构成了一幅色彩鲜明而又和谐的绝美风景画。

大自然真是丰富多彩，奥秘无穷。今天不仅是探寻了一棵古树，还认识了一种神奇的树种。虽然天很热，流了不少汗，但汗流浃背换来了神清气爽，获得了新的知识，真是值了。更快乐的是，还发现了一种树的秋季开花春季结果的时间表。一想到能在 9 月份来这儿欣赏胡颓子开花的美景，顿感奇妙无比，十分令人期待。也许，这反季节的花期、果期，既是大自然对人类的一种馈赠，也是对于我辈走进大自然、呵护古树名木的一种额外奖励吧。■

（2022 年 8 月 1 日）

你是人间『英雄花』

日上正午，虽然明天就是立秋，但大地热气蒸腾，简直要把人向上烘起。而肥东包公镇净住社居委院里，一棵200年古树上缀满的一簇簇红花，正凌空迎日绽放。这火上蹿红的树就是紫薇。她"独占芳菲当夏景，不将颜色托春风"。她就是人间七月少有的"火花"，不畏酷暑盛开的"英雄花"。

紫薇花从哪里来？它来自于民间，也曾到过皇宫庭院、寺庙道观，"浔阳官舍双高树，兴善僧庭一大丛"。但她更喜欢的还是无拘无束的大自然。"试问先生住何处，云入山中采紫薇。"这就是最好的注解。

我第一次知道紫薇花还是20世纪90年代，那时巢湖开发了一个紫微洞，其洞的命名源于天上的紫微星，而跟紫薇花并无关联。后为了风景区建设，也为了呼应紫薇之名，竟在那儿种了不少紫薇。其后去时会看到开着紫红色、粉红色的花树，那便是紫薇树了。可是，那时我对于紫薇的特性、花型等并没有深研，只是看热闹般地觉得美丽而已，更不知其独特的品性。今年我开始"一周一树"探寻之旅，才知盛夏季节，在陆地上傲暑而开的代表是紫薇，并且得知在包公镇净住社区有一棵200年左右树龄的古紫薇，这不由得激起我火一般的探寻热情。

包公镇净住社区在肥东县城西北25千米处。净住之名来源于这里原有的一个古寺。时光荏苒，人事变迁，后来古寺变成了小学，小学又变成了现在的社区委为民服务中心。但不变的是这棵据传为寺里老者种下的紫薇，在这儿静静生长，至今已有200多年。

这是何等强大的生命张力！站在社居委大门前，由南向北远远看去，首先看到的是高高的树头上，向南层层叠叠缀满红的花朵，数也数不过来。这花朵形成了花阵，密密压在枝头。如果说一般的树是绿叶扶红花，而这棵紫薇则是红花扶绿叶了。微风拂来，红花频频向南点头，引得鸟儿叽叽喳喳欢叫而来。

站在树下，抬头向上望，古树足有三层楼9米高。胸围约29厘米，冠幅平均达5米。树干直到2米以上才分枝，而大的枝杈也就三个。令人称奇的是，树身光白，犹如通体蜕皮后的法桐，又如青灰般的混凝土墙色。来前知紫薇又叫"痒痒树"，说手一抚摸就会枝摇花颤。本想上前一试，只是护花者在树下扎了一个多边形的竹质围栏，人进不去，手够不上，只得作罢。树根附近发了几个小枝，上面也开满了花。

环树看花，原来紫薇的花是一簇簇的。一簇有四五瓣，也有七八瓣。原先一眼看到的成团的花，其实是花的组合。这一小朵一小朵花穗，密密匝匝地挤在一起，便成了一簇簇、一团团圆锥形的花团，在蓝天白云烈日映衬下，显得非常艳丽

耀眼。而这一瓣瓣的花分瓣而开，分瓣而果。由于花期不一且较长，有的刚开；有的已开成烂熟形，几朵花长在一起，"烂开炎日似红霞"；有的花、果同梗，果已结、花未褪；有的花谢了，果实凸显，只是果子很小，像小时玩的子弹球。在树下走一圈，可探头向上看到单簇的花点缀在绿叶中，显得万绿丛中一点红；与从远处看成簇的花挂在枝叶上，花团锦簇压枝头，是完全不同的感觉。

这是何其不一样的独特花景！今年大旱，沿途不少庄稼已现干枯，但她却丝毫感受不到饥渴。今年的高温酷暑创下历史纪录，此时室外地表温度在 50 摄氏度以上，但她却神清气闲，绽开笑脸，迎日斗妍，欲与红日一比高。终夏一季，少有鲜花开放，但她却"长放半年花"，不愧是"百日红"，给人世间带来了不畏强暴、愈压愈烈的生命张力，带来了"俏也不争春，只把'夏'来报"的使命担当和不绝希望。

"盛夏绿遮眼，兹花红满堂。"她就像早春二月先花后叶的望春树，她就像寒冬腊月迎风斗雪的蜡梅花，她就像反季节开花结果的佘山胡颓子。一样的独特品性，一样的美丽之花，一样的独特风景，教我如何不爱她！

这是何其珍贵的人间"英雄花"。"耐寒耐暑真能事，岂是人间怕痒花。"唯其稀有才显美丽，唯其能耐才显英雄本色和爱的深沉。而这高贵的品性，往往在那些卓尔不群的英雄豪杰身上才能得到体现。

说来甚奇，这棵紫薇竟长在离包公故里不远之处，附近就是刚建成的包公故里文化园。包公是民间所寄予的对官员一切美好品德的化身。人们熟知的包公形象，一是清正廉洁，包公园的莲花（出淤泥而不染）和无丝（无私）的莲藕可作形象代言；二是不惧高压、临危奋发、刚正不阿、秉公执法，号称"黑包公"，但典型植物形象似乎没有反映。现在想来，这包公故里的紫薇不正好可以代表吗？草木缘情，情通意会。我想，她就是包公精神和形象的另一个化身或符号了。

人间七月，紫薇花开；盛夏荫下，繁花多是紫薇。这是七月的"英雄花"！但"英雄"并不孤单，这些年合肥的绿化中，紫薇也是被大力推广的品种。返回路上，不时可看到单棵的紫薇跃入眼帘，煞是惹眼。晚上散步，猛然发现，我住的小区竟然也有一棵两层楼高的紫薇，和包公镇的这一棵同种同花，只是长得瘦弱些。过去也曾匆匆一瞥，但并没有细细品赏，想来是怠慢她了。确实，人生不只有忙碌的工作，还有"诗和远方"，还有这触目可及的风景和感悟。从此以后，我要细心地观察、悉心地呵护，让她年年夏夏花团锦簇，构筑起炎炎夏日那独有的一道风景。■

（2022年8月6日）

巢湖中山杉生长记

　　中山杉，杉树中的杂交品种，既具有杉树原有的诸多优点，又有其没水能生、耐盐碱等特点，故被称为"树坚强""环保树"。树名前冠"中山"二字，足见其不同寻常之处。前年春巢湖派河口引种了一片中山杉，这源于一次昆明学习之行。

　　巢湖与太湖、滇池是国家"九五"时期就确定的重点治理湖泊，号称"三湖"。近些年来，三湖治理各有所长，相互学习交流也较频繁。2018年12月，我带队去昆明学习滇池治理，第一站在滇池边靠近市区处，就看到一大片长在水中的中山杉。

　　热情的同行介绍说，中山杉是原产北美落羽杉属落羽杉、池杉以及墨西哥落羽杉三个树种的优良种间杂交后代，由中国科学院江苏植物研究所经多年试验研究选育而成，现已在全国各地推广。昆明滇池成片种植的中山杉蔚为壮观，已超万亩百万株。中山杉长期在水中生长几乎不受影响，在污水环境中长势更为旺盛。它不但能充分吸收二氧化碳并释放氧气，还能吸收氮、磷等物质。试验研究表明，中山杉对水体中全氮的去除率是13.6%，对碱解磷的去除率是45.3%，这些都对富营养化的滇池水体起到了较强的净化作用。

　　昆明的同志还介绍，在栽种成活以后，他们从岸边向林中修了木栈道，使其成为市民水中漫步看林的极佳风景。此一行动与成效引起我们的浓厚兴趣。此前我曾在中央电视台《新闻联播》中看到重庆市万州区已经在沿江消落区营造了约1500亩中山杉示范林，绿化岸线长度近40千米。于是，我回来后即决定在巢湖岸边选择一处试种。经过一系列论证、选址等程序后，2019年3月15日，一块占地21亩、总数1458棵的中山杉林出现在派河湿地。三年半后，这一片树经过特大洪水、蓝藻打捞等考验，已茁壮成林。

　　8月12日下午，我去调研蓝藻防控情况，顺路去看这片林带。林地位于派河口之北、岸上草原之南。开车从"万达鼓"向南，一会就看到左侧湖边一条长形树林，那就是在这儿顽强生长的中山杉。从环湖大道下来，径直往湖里走，周边是大片的原生湿地。受今年降水少干旱的影响，湖水水位较低（当天下午中庙水位8.63米），湿地比原先增大，走到林边要比原先远，中间要跨过野生菱角塘等。

当我站在这一片中山杉前，不禁喜出望外：中山杉全活了，而且长得好！目光所及，只见这片林带长100多米，顺湖岸线栽了四五行，都已扎下根，长得枝繁叶茂。目测树的高度有5米左右，胸径在13厘米左右。烈日之下，成排的中山杉挺拔直立，树形高大，呈圆锥形，犹如威武不屈的水中勇士，挺立在巢湖边。由于长得快，一些树的行距已显模糊。树叶很有特点，看似有棱角，在如火的阳光照射下，绿中带（金）黄。更令人称奇的是，很多树结了果子，密密地挂在枝头上，看似一串串葡萄，引来鸟儿前来啄食。看到这场景，我分外高兴。这"不速"之树可来之不易，她经受住了两次生死大考。

第一次是2020年的特大洪水。虽然我们明白引来的中山杉可耐水淹，因此，当时种植的区域就选择在8.5米的水位线下（巢湖的防洪警戒线是10.5米），目的就是"试水"，但心里又很纠结，既想有水来又怕来得猛，毕竟第一年试种。令人意想不到的是，2020年的大水确实来得太猛。当年巢湖水位超保证水位12.5米达19天，超警戒水位（10.5米）达78天。整个汛期，中山杉有40多天被淹没在水中。据巢湖研究院观测：7月20日，中山杉被淹4米左右；9月21日，仍被淹1米左右。汛期每当我从那儿路过，都深深地为中山杉捏了一把汗，心里暗自祈祷：中山杉，你要坚强，今年可要挺过去！8月7日晚，负责此项目的省巢管局副局长蒋大彬给我发来航拍照片说："长势可以。"我回复："但愿今年能过关。"果然，水落杉出，中山杉不负众望。大水过后，1458 棵仅丢失 87 棵（应是被风浪冲走了）。

第二次是 2021 年的蓝藻打捞。去年蓝藻爆发时，由于水位高，蓝藻一下钻进林中的芦苇、杂草。蓝藻长期聚集，就会腐烂变臭（称为水华）。情急之下，相关同志在清理水中杂草时欲向中山杉"开刀"。8 月 9 日晚接到报告，我立即制止。对此，这位同志回复解释说，"主要是湖水标高超过 9.0 米时，东风一来，就会将蓝藻吹入杉树林。"还说，"今年深秋，要想办法拿出防御实施方案。"秋后盘点，还是倾倒、折断了一些中山杉。我对此痛惜不已。尽管如此，两年下来，中山杉总成活率仍达 73%。

今年春天，又在原地将损坏的补种。4 月 30 日晚，大彬同志告诉我，"今年补种的中山杉长势较好。"我回复，"要立保护牌，今年夏季蓝藻防控期间严防损坏。"

今年蓝藻未大爆发，假如大发生会怎样？正在现场的此处蓝藻防控"片长"告诉我，"不会了，今年我们采取了新的措施。"他指着林后一条深沟介绍道，"为了避免蓝藻进入中山杉林中，今年在林后岸前新开了一条比林带略长的深沟。沟的南北两侧与巢湖相通，并预设若干推流器（小水车）。当蓝藻贴近杉林时，就开动推流器，让沟里的水与巢湖相互流动，这样就会减少林下蓝藻聚集。"我赞许说，"这个办法好。"还说，"蓝藻防控不能轻易动树的点子，要想兼顾的办法。在巢湖

综合治理中，蓝藻打捞是末端治理，栽植中山杉吸附氮磷是前端治理，二者都很重要，不可偏废。""是的"，"片长"不好意思地说，"去年要不是你及时制止，这片林会被毁掉不少，当时挖掘机都开来了。以后再也不会了。"说到这儿，大家都发出会心的微笑。看到林下长出很多杂草，我提醒他们，今年秋冬季要将杂草清除。大家点头称是。

从林边退后走向岸来，回望水天一色、林水相依、城湖共生的美景，心里不禁涌上丰收的喜悦。我对随行的"印象滨湖"负责同志说，巢湖治理前期主要是在治理上下功夫，各种办法都想尽了，未来可以多做些"治理+"。比如，待这片林再长几年后，就可学习昆明的做法，修一木栈道，将岸上的人们引入林中，让市民亲湖近林，欣赏这临水美景，享受巢湖治理的成果。大家一致称好。

返程路上，我给蒋大彬同志打了电话，分享这成功的喜悦；议及其中的艰辛与担心，也是百感交集。但共同的感受是，正是因为有各级领导和科技工作者的支持，有广大市民的理解，这片小树林才会从无到有，在巢湖扎下了根。记得2019年4月中旬，当刚刚试种的中山杉发芽后，我给一位领导发了短信。领导对此很赞成，并回复："能否扩大种植面积？"我说："可以，但有些担心，怕成活率低。"现在，这一担心已成多余。高兴之余，我提醒大彬同志，未来应适时适量推广种植。他说，已将此树列入湿地、防浪林建设树种正面清单，未来会有更多的中山杉落户巢湖。

中山杉是美丽的使者、环境的卫士，夏天一片浓郁，冬天一片棕红。当冬天来临之时，相信这片林地一定会成为市民网红打卡点。到那时再来看吧！■

（2022年8月14日）

王家嘴上圆柏树

八百里巢湖十八嘴，嘴嘴伸入湖中，三面环水，凌湖逐浪。巢湖市中庙王家嘴就是其中之一。王家嘴有一棵300年左右的圆柏，环湖闻名，渔民皆知。圆柏后面有一土地庙（现称古社庙）。7月24日，全市古树保护现场观摩会一行来到这里，古树保护专家对古树修复进行现场指导。8月13日下午，我前去探赏古树，巧遇本村一位老奶奶，留下如此记录。

"这么大热天，你们来看树？不过也真值得看。你问我贵姓？我姓缪，今年76岁，是从邻村嫁过来的，现在是儿孙满堂，孙子就有五个了。你们看圆柏树，我家就与圆柏为邻，在树的西边，隔路这房子就是我的家。

圆柏长在嘴子上，这个嘴可高啊。你问2020年大水有没有淹到？那还早着嘞，水才到岸坡前那块石头处（笔者目测，离庙和树线距百米左右），所以沿湖方圆几十里都能看到这棵树。过去渔民下湖捕鱼拉虾，都把圆柏树看成是回家的方向。

我父亲是捕鱼的好手，我出嫁前也下湖给父亲帮忙，他在划盆前面划桨、收网，我在盆中摘鱼捡虾。你不相信？我的水性可好呢，年轻时会吃"猛冲"（憋住气往下沉）。父亲捕鱼时，经常将划盆划到焦湖（巢湖）南，再远也能看到这棵树。看到了，就知道是王家嘴。往家划，就朝大树方向。

你说我们对古树亲，那当然，那是引路树嘛。再说，天天在一起，看着树生长，哪能不亲？搞生产队时，夏天忙"双抢"，天热，累了，社员们围在大树下稍息，挑一担井水来，放一点白糖，拿起水瓢喝，这糖井水可真解渴啊！现在条件好了，晚上不到树下乘凉了，但晚饭后大家还是习惯到树前庙前广场坐一坐，聊聊天。

你问这圆柏长得怎么样？实话实说，在这之前，还真的长得不好。是我向上级反映，来人帮助，又让树长好了。

说来有趣，你不知道刚搞责任田时，我们还救过树的命呢。那是刚搞责任田时，具体哪一年我也记不清了，是在秋天堆草堆的时候，季节比现在要迟，应该是晚稻割后吧。那时庙边树边堆满了草堆。一天，可能是烟头将草堆烧着了。当时西北风很大，大火很快就向圆柏扑去。这正好被我发现了，我立即喊人来灭火。当时，火势很猛，我们都以为大树无救了，谁知风向突然调转，西北风转为东南风，大火转向树北的土地庙。火后，圆柏只是西北方向的树枝被熏死了一些。但第二年春天，大树又发新枝了。真是万幸！从这以后，大家都更加注意保护圆柏了，谁也不在树下堆草了。

你看到的大树北边是土地庙。这几年，村里有一位老板领头花钱重修了，还将围墙范围扩大了些。这都不错，对古树也算是保护。但他们在树下砌了一个护池，还将土堆到树腰，这就不好了，我反对。我对领头的老板说，这样下去，大树肯定吃不消，这就像一个人将土埋到胸前能不闷气？时间长了，树还能活吗？果然不错，今年就发现树长得不好，尽管挂了"吊瓶"（营养液）也不行，我就通过人向上反映。不承想，上面知道了，前不久来人指导，后来就将树池砸了，土也挖走了，还给树根扎了草带。这下圆柏又开始长好了，你看今年这么大旱，树上的叶子还有不少呢。

你问碧桂园在这开发好不好？既好又不好。好处我就不说了。不好就是高楼太多，把大树挡住了，湖边看不到圆柏了。原先我们这棵树方圆几十里都能看得见。我们到黄麓师范（离

这十多里），爬小黄山一眼就能看到王家嘴的圆柏树，到西边的肥东四顶山也能看到，可现在不行了。半个月前，我儿子开车带我去巢湖南岸玩，站在大堤上，只看得见碧桂园的楼房，怎么也找不到这棵圆柏树了，心里真不是滋味。还好，还能看得见中庙白云庵。当然，我知道，这也是没有办法的事。好在这棵树现在保护得还不错，谁也动不了它。

你问圆柏冬天怕不怕寒？不怕。夏天风大会不会刮断？不会，湖边七八级风是常有的事，但圆柏不怕，韧得很呐！

圆柏是柏科圆柏属植物，常绿乔木。王家嘴这棵圆柏，专家估计树龄约为300年。高约11米，胸围170厘米，冠幅7~8米。发枝点为2米左右，从南向北看，有东、西、北三枝，东枝半枯。树皮是长条片形，纵裂，灰中泛白。树叶鳞形、细密。树冠伞状圆形，蓬头立枝。从庙外远眺，古树南枝前覆南院门，北枝近盖庙顶，犹如一只挣脱囚笼的雄鹰跃跃欲飞。站在西侧环湖大道上，从更大范围看，蓝天、白云、古树、古庙、巢湖构成一幅完美的山水画。

后从市林园局了解，7月24日上午，当市现场会一行人来到树前时，围池依在，堆土依旧；专家提出拆池清土修复方案后，下午即整改到位。8月8日，专家组又提出新的修复方案。缪老奶奶所言与此过程吻合。■

（2022年8月16日）

西庐寺上"树包寺"

肥西紫蓬山风景区有一片上千棵麻栎的树林，林中掩映着西庐寺。今年夏秋时节，高温天气屡创历史新高。今天上午到这片林中走一走，听着寺庙方丈释界心介绍的"树包寺、寺包山"，别有一番清凉快意在心头。

今春我转岗到政协后，第一次专程去西庐寺走访。看到寺前庙后的树林，方丈告诉我，这是麻栎林，有上千棵，现在还未发叶。到夏天时，满山葱绿，一片阴凉。今来探树，果不其然。从景区大门一进来，只见路两旁有成排的树，那就是麻栎树了。更称奇的是，在门前、殿前、道旁，零星或集聚生长的硕大的麻栎，有的高达 20 多米。这里何以会有这样的生长情况？法师娓娓道来：西庐寺历史上几毁几建，"文化大革命"中毁坏殆尽。2006 年 8 月开始新的复建。从复建一开始，就明确提出这样的规划理念：坚持不砍一棵树，尽量保护这片林和其他树木，让树包寺、寺包山。那是如何做到的？方丈引我边走边看边讲解。

"这是钟楼，原先一圈都是树，正好利用中间这个空地盖房。因为旁边这两棵树，房子就到此为止不建了。后面两棵还夹在檐

口中。钟楼与其他建筑不在一条线。钟楼盖好了，形成了树包寺。这就是房让树。"

"这是天王殿。你看，殿上的台阶，向上方有一棵麻栎树，规划建设时就未动，这叫台阶让树。"仔细一看，这棵麻栎树长在第十八级台阶偏南处，对人行并无大碍，虽乍一看有点突兀，但细一想又觉得是树、道和谐。更妙的是，在台阶南顶端与屋檐边，恰好有一棵麻栎树斜插其间。在这房子北侧还有一棵麻栎树，有趣的是，房边留了个洞，让树穿洞而出。

"这是山门，山门周边全是麻栎树。你看台阶上长了几棵？"我数了数，"6棵。""不是，"方丈说，"是7棵，栏杆中间还有一棵呢。"原来，在弧形山道上，在道中间、左右边，有7棵麻栎树未动，看似长在路中和路边。法师说："这叫路让树。"

"你看这是大门。大门边的树是什么情况？"仔细一看，大门北头和后面正好有几棵麻栎树比肩而生。怎么这么巧？法师解释说，当时这里的树就长成这样。在设计时，为了不动树，大门按不动树、不碰树的尺度来设计，用尺子量时，檐口正好抵到树,这就叫房屋让树。当时我们拿皮尺量,房屋的高度、长度、宽度都服从大树不动的前提条件。

一让二让三让,真有意思。"还有更大的四让呢。"方丈说,接着把我们带到大雄宝殿前。殿前是一片麻栎林。"你知道寺庙的规制是大雄宝殿、天王殿和大门应在同一中轴线上,但现在不是,偏了,不在一条线了。为什么?保护这片林的需要。大雄宝殿是利用一个单位搬离后的空场新建的,但正前方恰是一片麻栎林。要在这建天王殿和寺门,就必须砍树,这肯定不行。怎么办?于是我们目光向西,看见在西南方正好有一片空地。于是便将大门、天王殿放到大雄宝殿西边偏南方规划建设。这样大殿和天王殿、大门就不在一条线了,几乎成了一个钝角。这就叫寺庙中轴线让树。"

听方丈介绍,我一方面觉得此举甚好,另一方面又有些狐疑:这中轴线变成了斜线,与佛教建设规制是否冲突?方丈回答说,考虑到这个问题了,采取了补救办法。他继续介绍说:"天王殿有韦陀菩萨,面向大雄宝殿,据佛教经典这是护佛护法的。为此,我们就在大殿正面做了一个新的韦陀菩萨,解决了这个问题。还在照壁上塑了四大天王的像。这样就等于把天王殿的功能放到这儿了。"站在大雄宝殿之前向南望,正有一尊栩栩如生的塑像正对着大殿,原来这就是韦陀菩萨。真是大智慧!

走上大雄宝殿二级广场,看到广场周边有六棵大的麻栎树,由于层高,每棵树下面都挖了一口深井,还有一个排水沟直通地面。原来这是保护大树的小型工程。这样类似的保护工程比比皆是。方丈说:"这是另一种形式的保护,是广场让大树、护大树。"

边走边谈,来到广场西头路上,突然看见一棵树上结满了果实,我不禁大声说："板栗，板栗。"方丈说："不是，是麻栎果。看上去是有点像，但不是。麻栎果摘下来可磨豆腐，现在专门有人来收，一斤价值 25 块钱呢。"盯看果子，由果及叶，但见麻栎树叶较大，有点像香樟，但比香樟小。方丈介绍，春天才发叶时，山上一片青绿。现在变为深色，再过一段时间，是金黄色，然后变为黄色，到深冬时，叶子就落了。不过每个季节都好看。

我惊叹麻栎树保护得匠心独具。方丈说，不仅是麻栎树，寺庙还有杏子、银杏等古树都保护得很好。当时市领导十分重视规划，经过多方努力，才有今天这林寺合一，树包寺、寺包山的建设格局。谈及古树保护，法师还自豪地说，"丛林"二字，既指茂密的树林，又指僧人聚居之处。寺庙保护古树天经地义、由来已久。

晚上回来查清光绪二十年（1894 年）李恩绶辑的《紫蓬山志》。在"物产篇"中有"橡栗"介绍："盛囊置水中多日，取出，去其涩水，磨细，可谓粉丝，可谓豆腐。"从百度上查知，这就是麻栎树的果实，也叫橡实、橡子、橡果，也就是今天所看到的果子了。可见，至迟在 128 年前，这里的麻栎树就已成材挂果。因此，林园部门认定这片麻栎林树龄在 150 年左右，实为不虚。■

（2022 年 8 月 20 日）

罗坝圩的垂条桧柏

罗坝圩是一个掩映在肥西紫蓬山东侧的小山村，垂条桧柏是被专家认为罕见的圆柏变种。将这二者联系在一起，走进现今这片绿色和谐之地，来到这棵有着170多年树龄的古树之下，便会碰撞、幻想出当年刀光剑影的场面，浮现出这棵古树一波三折的生长史、变异史、还乡史。

罗坝圩是淮军"盛字营"主将周盛波、副将周盛传兄弟的客居地、成军地。周家原居肥西大柏店附近的周老家郢，因被欺返回老家紫蓬山下，投靠本族户长周方策，栖身于罗坝圩，结草为庐，惨淡营生。适逢太平军起，周家老三周盛华领头创办团练。因与太平军冲突，在周盛波（老四）、周盛传（老五）率众外战时，村庄遭到血洗，周盛华等遇难。当地人称为"罗坝圩破家"。此次重大事变后，周氏兄弟从此参加了由李鸿章创建的淮军，开始了"平吴撵捻"、驻防津门拱卫京师的征程。罗坝圩也就此一时荒废。后来，屡立战功的周盛波回乡准备大兴土木。这次，他们把目光投向紫蓬山的北麓，在离罗坝圩十多里处新建了周老圩（现农兴中学所在地）。接着又在附近修建了康湾围子、新圩子、罗坝圩子等八个庄园，形成了独特的"八圩呼应、众星拱

月"的小圩堡群堡。而罗坝圩的主人依然是原户长周方策一家。在周老圩，周盛波种下一棵垂条桧柏。这棵树有说是慈禧太后所赠，有说是周盛波告老还乡时从天津带回。一晃100多年过去，周老圩新中国成立后被改作他用，这棵树几经周折，被周老圩的花师带回了罗坝圩，种在了周盛波的客居地。这也算是另一种意义上的叶落归根、树老还乡了。

圆柏在我国栽种广泛，历史悠久，与松树一道被誉为不老之树。而据专家介绍，垂条桧柏则是它的特殊变异，并且这种变异十分罕见。曾经有文记载，这种垂条桧柏只在颐和园中发现过一棵（暗合慈禧太后所赠）。而当我于8月20日上午来到这棵树下，听苗圃的一位师傅介绍，他认为，之所以是垂条，原因并不复杂，是因为下雪时压弯所致。

现在这棵古树位于村东侧原县苗圃（现转租给一苗木种植大户）。古树保护得很好，四周都是其他苗木，唯有这棵古树砌了护池，并且看上去鹤立鸡群，显得与众不同。市林园局的"古树名木"微信小程序的介绍为："此树主干通直挺拔，枝丫浓密，叶色苍翠，鳞叶密茂，小树下垂，粗枝垂而外翘，似宫殿飞檐，远远望去，十分醒目。"细细一看，果如其言。古树高约9米，胸围110厘米，冠幅平均6米。

树皮褐色，柏枝就是松柏常青的"标准像"，与常见的没有两样。唯一不同的是，站在树下，将头伸进树干密枝下，可见2米左右的分枝点下，多层树枝层叠下垂，形成硕大的弧形状。向东的树枝几近垂地。

我惊叹于古树独特的造型，但苗圃师傅说，这棵树树枝也都是向上生长，只是枝子较长，并且横向生长，由于刮风下雨，特别是下雪，将树枝压弯下垂。这古树既硬又柔。你看，最上面枝头不是向上吗？一看，果真如此。

晚上回来查资料知，1980年

安徽农业大学教授李书春、苗圃工程师张焕德鉴定此树为垂条桧柏，为圆柏变种。另据《园林植物学》载，北京颐和园有此树一株，全国稀见。十年前，又有专家前来考证。专家说，"一般圆柏的枝干是朝上的，但是它的枝丫是向下的，只有部分小枝丫向上，所以说是垂条桧柏。"并说"这种变异十分罕见，值得深入研究。"专家与师傅的结论虽然不同，但观感是一致的。这位师傅还说，古树不生虫，未空心，不怕旱，板着（结实）得很。

　　这棵垂条桧柏何以能"还乡"？《肥西县志》还原了这一历史。原来，此树一直栽于周老圩。1950年，曾在这做过花师的颜文轩将此树移栽到国营袁新圩苗圃。1958年，随着颜的工作调动，这棵树又移栽到罗坝圩苗圃。通过苗圃职工的精心呵护，得以延续至今。颜文轩可谓是这棵古树的护树使者了，想必他对此树的情感极深，虽几次调换工作，但对古树不离不弃，人走树随，以致才有古树现今的健康生长。遥想当年的特定政治气候，想象众人几次移栽的辛劳场景，那是何等的树之恋？简直就是对亲生孩子一般的情感。只是时光荏苒，不知颜文轩老人现在哪里？我托村干部打听，但愿能打听到老人的信息。关于这棵古树，令人高兴的信息还有，1985年，县苗圃技术人员攻克了繁殖难题，使该树种能够繁衍下去。

　　由此说来，这棵古树一定会有后树，只是我这次来尚未看到新培育的幼树。临别，我对村干部说，这棵垂条桧柏可是神奇之树、镇村之宝，应该好好保护，并且还要培育新苗，使之不断繁衍生息。■

（2022年8月23日）

王集村的三棵古树

初秋时节，淠河总干渠清水静静流淌。肥西县官亭镇干渠右岸是一大片水稻田，靠近西面马路边则是一个低坡古园，那儿有三棵140多年树龄的古树。一棵柿树、一棵梨树生长较好，另有一棵梨树已是枯死状。8月28日正午，我来到这里探访。

王集村是肥西十年前的土地整治推进村。新村靠近大路边，建得和城市安置区差不多，既有多层楼房，也有二层小楼，公共服务设施也一应俱全，只是新的居住点离原来的村庄和农田远了。幸而找到村会计邵守俊带路，我们才顺利找到这三棵古树所在的小柿园。

可能是原先散落的小村庄被拆掉的错觉，土地整治后的田园空间被放大了。

田间的路仍是原先的水泥路，转了好几千米，才来到这小柿园。田间林边是一个小水塘，几十只鸭子正在塘埂上觅食。小邵介绍说，原先这里就叫小柿园村，农房就在现今的水稻田中。当年，拆村整田时村民一致的意见是，要将小柿园留下来，只为保留一个记忆，让孩子知道村子原来在哪里。

小柿园南北走向，长形，不大，只有六七亩地，果树也不多，显得有些荒芜，只有几棵大的树，但这几棵大树却颇有来历。

首先来到的是一棵柿树下。这是一棵长得较好的标准的柿树。树高6米左右，胸径0.5米左右。树皮像鳄鱼皮，有东西南向四个分枝。由于发枝点在 1.2 米左右，并且树腰发枝处较宽，我的第一个感觉是，小孩会一下子爬上树摘柿子。可惜，今年大旱，虽然柿子结了不少，特别是西枝果实成串，但果子不大，略为常年的三分之二，并且由于远离村庄，想必也没有人来这摘柿子了。令人高兴的是，树上挂着一个醒目的保护牌，有编号、有树龄、有权属人、负责单位、联系人等。但我今天慕名而来的主要目的是看列入市"古树名木"的两棵梨树，那梨树在哪里？站在柿树下，小邵手向南一指说，梨树就在南面，不过路不好走，要折回头向东，再向南向西就走到了。

于是，小邵便领我们原路折返。只见一棵梨树长在两块水稻田中间。我好奇地问，古树怎么长到田埂上了？小邵说，不，这过去就是农户家的房子，房子拆后现在成为水稻田了，但是梨树没有动，只是村路变成田埂了。

原来如此。梨树有 6 米高，胸径在 0.4 米左右。发枝点在 2 米以上，有五枝直挺向上。树形伞状，也像一个火把，只是枝丫细小，树叶细碎，且间有黄叶。富有

特色的是，树皮灰中透白；树腰处有一树瘤（树瘤是愈伤组织，在树木受伤后，细胞无性繁殖形成的一种自我保护，一般是古树才有的。但这也可能是断枝留下的痕迹）；树根离地面20厘米处有一齐刷刷的刮痕，不知这是否为当年扎草护树留下来的痕迹？也许是过了季节，也许是大旱的原因，树上一个梨子都没有看到，这不免让人有些失望。同样令人印象深刻的是，这也是一棵挂牌保护的古树。

还有一棵梨树呢？小邵说，还在西北边。由于长期没人来的缘故，荒草没膝，我们低头向前走。"到了。"小邵喊。一抬头向北看，不禁大吃一惊："树死了！"站在这棵片叶未有的树下，我痛心地看到，古树只残剩下东西两个大枝。东枝像是落毛欲飞的凤凰，西枝像是垂垂欲倒的电线杆。只是原先两枝都有支护撑着方未倒下。整棵树看上去就像是西北沙漠死而不倒的胡杨。我们的心里一片悲凉。小邵急忙解释说："镇村干部经常来，这棵树是自然死亡的。"我安慰说："是的。林地还是原来的林地，没有整出来种庄稼；这棵树远离农田和村庄，种大棚的也远

离它。这说明，周边没有什么东西惊扰，生长环境没有改变。树老空心、年久死亡也很自然。"但不管怎么讲，心里还是一些失落。我对小邵说："建议你们请林业部门再来看看，找找有没有起死回生的办法；特别是到明年春天时，观察能否再发新枝，也许还会活呢。"

返回路上，我们又向北走到原先看的柿树前。今天正午，高温之下，走了一圈，看了三棵古树，心里五味杂陈。我对这个淳朴上进的小邵说，建议你们将这个柿园整理整理，再在古柿边栽些柿树，在梨树边栽些梨树。这样，古树既能保护下来，又有新生代，小柿园也不会荒废。小邵说，我一定马上汇报落实，明年请你再来看。■

（2022 年 8 月 30 日）

三桠棠梨震四乡

树聚万物养分而生,古树有灵气,有灵气的古树竟然也能不怒自威,保护自我。8月28日下午,当我来到肥西官亭镇长岗店(赵四方郢)的这棵有着211年树龄的棠梨树下,围拢来的村民纷纷向我讲述关于这棵树的神奇而又美妙的传说。

长岗店不大,只有十来户人家,地处淠河总干灌区。正是抗旱时节,田间的路上不时渗流出灌溉的河水。棠梨树位于村西南头,西边是水稻田、玉米田。站在树边的打谷场上远远望去,棠梨树高约15米,冠幅平均8米,其中东西9米,南北7米。走近树前,目测胸径在270厘米,一人抱不过来,树根中间已经开裂。树下砌了一个圆形树池,总体保护较好。古树的造型较美,向北一个枝丫呈横条形,向东枝丫较长、斜拉向上,向西两枝几乎是平行的,东北方向则有一个断枝,残存之状像是一个小牛头,上有青苔。总体看上去,古树似有四枝。

"不,我们村这棵棠梨树原先是九枝,托在一起,团在一块,远看真漂亮。"一位姓赵的老人家说:"可惜,有几枝前些年断了。"听着老人的介绍,再细看这棵大树，发现树形向东倾斜，有些"残缺美"了。这时，另一位老大姐走上前来神秘兮兮地说："这树可神呢，当年截枝的人遭报应了。"报应？我明知这是一个"迷信"，但也愿闻其详，听一听有什么故事。

老大姐说：一次，有一户人家想放一个枝丫，做小孩睡的箩窝（摇篮）。当箩窝做好了，小孩睡下后嘴却变歪了。"那后来呢？孩子的嘴好了吗？"我担心地问。"哪能好啊？"大姐答道。"这是哪年的事？"我又问。"我也不知道，只是听说，好多年前了。"哦，原来如此——吓唬毁树者。

"还有一个就是，一个人在树下撒尿，这也不好，回家就肚子疼。"老大姐继续说道。我哈哈大笑，不以为然。她说："真的，那以后谁也不敢动这棵大树了。不信你看这地上落下的枯枝，也没人敢拿回去当柴烧。"果真，一看在树池北边，有几截枯枝静静地躺在那里。

棠梨树几经风雨，九丫只剩下三丫，但依然根深叶茂，连年开花结果。站在护池上，我手托树枝，竟然看到几粒棠梨，那是与小拇指差不多大的青褐色的小圆果。村民说，现在不能吃，有涩味，等长熟变黑了可以吃。熟果有点面，有点沙，有点甜，还有点酸。只是现在没人去摘了，果子都给鸟吃了。

环绕树下，站在树的西面，我惊奇地发现，在棠梨树的中间竟长了一颗皮树。这棵皮树看似从棠梨树中发出，直挺挺向西拓展。皮树叶子、树皮迥异于棠梨，显得更青些，也还结果，果实比棠梨大得多。村民告诉我，这皮树可能是飞鸟衔来的种子，从棠梨树中长出来的。前些年将发出来的皮树折断，不想又长出来了。

棠梨树尽管很高，但发枝点只有1米左右，流连树下，我在想，这棵树过去一定是小孩玩耍摘果的天堂，当年孩子们玩耍摘果的场面一定很热闹，树的主人也许会拿着小棍子撵着这帮小淘气吧。于是，我便问这棵树是谁家的？他们告诉我，这是赵立梗家的，当年孩子们爬树摘果他家可不赶，人好得很。不过，现在他家人都离开村里了，房子也在土地整治整村推进中拆除了。我故意问，那这棵树现在可以卖吗？几个人忙接着回答，那怎么行？现在是国家的，前几年还来人挂牌保护呢。他们以为挂牌保护的就是国家的，其实产权还应是私人的。

我惊奇于棠梨树的坚韧顽强和博大包容，更惊异于村民们附加于这棵古树的神奇传说。我们是无神论者，自然不相信这些传说。但这传说竟然镇住了偷盗、损毁树木者，这倒也歪打正着或许并非坏事。不过，以下的行动更值得商榷了。一些村民把美好的希望寄托在这棵树上，只见树上挂了些红绸，靠西边还有一个砖砌的专供烧香的窗式建筑。我对村民说，这可不好，离树太近，会影响树的生长，外地还发生过树旁烧香烧坏树的事情。村民们说，是这样，我们也反对，只不过现在烧香的越来越少了。■

（2022 年 8 月 30 日）

牌坊乡的柳树

　　肥东牌坊回族满族乡是安徽省唯一的多民族乡和合肥市唯一的少数民族乡。600多年来，汉、满、回等民族和睦相处，共建共享这片美丽家园。自古至今，满族同胞重柳崇柳，这儿因此有了个"千柳公园"。正是"全国民族进步宣传月"开展之际，我来到这儿，徜徉在这片美丽的千柳园中……

　　"碧玉妆成一树高，万条垂下绿丝绦。"柳树是我非常熟悉不过的家乡树之一。我们这儿的柳树，据专家考证，是旱柳的栽培型"绦柳"。另据了解，野外自然生长的还有旱柳与垂柳的天然杂交种，性状介于旱柳与垂柳之间。记得小时候，塘边、圩埂上，粗大的柳树弯弯绕绕，总是吸引我们爬上爬下。每当开春柳树发芽、柳叶抽条时，我们总是爬上树梢，摘下柳枝盘一个草帽放在头上，学当"小兵张嘎"。盛夏时节，一根牛绳系在柳树老根上，拴住在水边"打汪"的牯牛。这时，放牛的我们最喜欢爬上柳树，在树上晃悠。柳树很柔软，枝条不易折断，即使断了掉入塘里，对于我们这些水性好、天性爱水的小家伙来说，也是一项很刺激的运动。柳树对于我们来说实在是太亲近了。只是那时候还不知道中国有257种柳树，常见的有垂柳、黄金柳、白柳、大叶柳、白皮柳、爆竹柳、腺柳等。

　　柳树历来是文人墨客钟爱吟诵的植物之一，但多有些离愁别绪。"渭城朝雨浥轻尘，客舍青青柳色新。劝君更尽一杯酒，西出阳关无故人。""昔我往矣，杨柳依依。""柳线绊船知不住，却教飞絮送侬行。"难怪这届冬奥会闭幕式上，张艺谋导演展现了"折柳送别"的动人情景。柳树成了离我们最近而又最具情感寄托的树种之一了。因此，当听说满族尊柳树为母神，称之为"佛朵妈妈"时，我一下子被这崇尊打动，并惊叹——太好了，满汉爱柳，所见略同。

　　乡里同志告诉我，牌坊乡的满族同胞是明初跟随完佩将军奉军驻守这一带的。因满族人民敬柳崇柳，便在村庄周围栽种大量柳树，故称之为"千柳村"。乾隆年间御批建节孝牌坊（表彰肖老孺人守节孝亲），故改称牌坊村沿用至今。明清年间，又有回族九个姓氏分别从外省迁居此地，与汉、满同胞杂居相处，至今也已 300 多年。现如今，全乡总人口 4.6 万人，其中满族 1800 人、回族 4800 人。牌坊乡地处肥东县城以北 7 千米，一进入牌坊社区，就会看到特有的民族建筑风格。千柳园就位于社区的核心区。

这儿原有一口大塘，柳树就长在塘埂上。柳树是十多年前栽的，树种多是用于园林景观的垂柳，有别于我小时候看到的老树种"绦柳"。柳树长势很好，都有四五米高。今年虽然大旱，但少见黄叶。时至初秋，仍柳叶青青，微风拂来，沙沙作响。满族一书法家题写的"千柳公园"掩映其中。

谈及公园建设，乡负责同志介绍说，这还是十多年前的事。当时为了发掘特色民族文化，发展特色民族经济，在这儿动议建"千柳公园"。同时还在公园附近，陆续建了少数民族风情街、民族牌坊、民族文化广场、民族团结柱、民族文化墙等。这些做法深得少数民族特别是满族同胞的赞同。因为这十分切合满族同胞的传统和喜好。此一传统，乡民俗文化展览馆有详尽描述。

这个民族文化展览馆就在"千柳公园"的东侧，虽面积不大，但展陈丰富。在"满族柳树节"橱窗前，我驻足良久。一处蜡像塑造了两位满族同胞正在栽种柳树的情景。展馆文字介绍道：每年寒冬九九过后第一天为柳树节，男女老少穿节日盛装，给柳树浇水，在柳枝上系红绸，折枝戴头上，谓"带福回家"，回家后供西墙上。

我边看边想，满族同胞为何如此敬柳、崇柳？除了柳树的固有生命力、极强的生长习性受人尊崇等外，有专家指出，一个重要原因是，"满族通过射柳提高武艺"；还有一个重要原因是，"满族用柳叶饲养战马，形成满族独特的养马方式，也导致了满族独特的作战方式。柳解决了满族的战马草料问题，这也促使满族人更加喜爱柳、赞美柳"。原来柔柳背后有"武功"。

我边看边算，九九过后第一天，一般都在阳历三月上旬，与现在的"植树节"日期相近。这太有意义了！由此说来，这"柳树节"可谓中华大地上各民族中最早的"植树节"了。此时，神州大地，"九九加一九，耕牛遍地走"，也正是植树的最佳季节。这样好的传统和民俗，今天应大力弘扬。"只是，"乡负责同志告诉我，"这些习俗现在有些淡了。"我说："还是可以延续的。"

不过，爱柳爱树、绿化大地在牌坊乡倒是传承下来并发扬光大了。乡负责同志介绍，牌坊乡地处江淮分水岭地区，前些年，全县大力植树造林，着力打造森林生态之乡。全乡完成退耕还林6000多亩，栽植水源涵养林1.2万多亩。张岗村还被授予"森林村庄"称号。乡里涌现出一批林木生产大户。

"这很好，这方面的文章还应继续做。"我对乡负责同志说，"不仅如此，特色民族体育、特色民族经济都应发展起来。""是的，"乡负责同志说，"蹴球是满族同胞喜爱的运动，我们乡经常在全省少数民族比赛中获得好名次，近期正备战省第九届少数民族运动会，力争再拿金牌。旗袍是满族的标志性服装，深受女同胞喜爱，乡里有一人通过网上销售生意很红火。"

"很好，"我赞叹道，"还可以将少数民族特有的饮食文化做起来。瑶海区180街区维吾尔族金手鼓餐馆十分火爆，完全可以学习借鉴。"乡负责同志说："是的，我们也有这样的考虑。前几年，就在这儿开了几个民族餐饮点，现正准备结合发展乡村旅游，使其红火起来。" ■

（2022年9月5日）

古树绿聚竹园张

巢湖市烔炀镇竹园张村，地处小黄山之北、肥东桥头集磷矿之东，两山相掩形成的独特地形地貌、气候特征与人文环境，造就了这里众多的古树奇观。中秋节当天，小山村一下子热闹了许多。我们根据市园林局的"合肥古树名木"微信小程序知，这儿有一棵上百年的榔榆树，便在下午赶到这美丽的小山村探寻。

竹园张村属于巢湖市，但百度导航却标为肥东县。村庄离省道并不远，但要绕到磷矿，从肥东由西到东翻过山。村道正在实施"白改黑"（指水泥路面改为沥青路面），交通还不错。一车向北开到村中间，只见右边是一水塘，塘西北角处有一棵大树；左边一排房屋下，两位老人正在下棋。

"老人家，我们是来看树的。听说村里有一棵榔榆树，请问在哪里？"

一位老人抬起头，手向塘沿一指："那不就是吗？"

这正是刚才第一眼看到的大树，看来今天探树行程很轻松，于是我们便趋前察看。这棵树高七八米，胸径50厘米左右，树叶细碎，烈日照射下青中镀黄。树皮红里泛白，树躯很多地方裂开，轻轻剥下一小块，里面是暗红色。昨晚查资料知道榔榆的一些特征和习性，看来这正是榔榆的典型特征。但树上未挂保护牌，它还不是我们要找的那棵古树。

"老人家，这不是村里最古老的树吗？这棵树有多少年了？"我问道。刚才答话的下棋老人叫张道明，他回答说："是毛主席逝世前一年（1975年）栽的，那年我女儿刚出生，树苗是从山间挖过来的。""噢，这棵树也有47年了。那挂牌保护的古树在哪？"我问。"那棵树啊，也是榔榆，在村东头，要过水塘。"

于是，我们又向前走去。过了水塘，向东北方向又看到一个水塘，走不远，碰巧在一户后门处，看到一棵倾伸到塘边的大树。只见这棵树由南向北倾，几乎成

45度角，树身由塘埂向上呈抛物线弧覆在塘的半空。今年大旱，塘水落了很多，走下塘埂从塘沿向南看，这棵树的全貌看得真真切切，几乎是半倾欲坠状。这是要找的榔榆树吗？

"不是。"热情的女主人将我们迎进屋，从院里开后门走到塘边看树。男主人叫张忠敏，今年84岁。女主人说："这树叫面槐（国槐），是我老伴12岁时栽的，已有62年了。"她还喜滋滋说："这面槐花虽不能吃，但木料是最好的。树还在长呢，前几年儿子在树边做的搭子，这几年被树根拱坏了。"

我们真是既兴奋又失望，兴奋的是意外看到了这棵门口塘边的树，可那棵榔榆树又在哪呢？听闻这些，女主人说，我知道，还要向南过一水塘，在村东头不远处就是。我指你们去。在她的指引下，又通过另外两位大姐的接续指引，我们总算找到目标树。

这棵榔榆树长在村东头一块近一亩地的老坟处。由于有围墙阻隔，我们只能站在墙外远观。榔榆高10米以上，根系发达，根部密密麻麻发了很多小枝。发枝

点在三米左右，向上是簇状树杈，树叶细密聚拢成荫。如果说对一棵树的最高评价是"枝繁叶茂"，那么这棵树就是当之无愧的了。

竹园张村民以张姓为主，这块地是王氏祖坟。带着好奇，我们找到王家后人王永祥，他向我们讲述了关于这棵树的前世今生：

我们家是村里杂姓，祖上曾做过山东济南道台，树边的墓中葬的就是道台。到我们这已是第六代，我今年也快70岁了。树是自生的，年代很久了。2018年，省里有位叫胡一民的专家来这鉴定，说这是他见到的全省最好的榔榆。后来为了保护树，要打围墙。本来可以向上争取一些资金，但考虑到打报告要等，很麻烦，我们几兄弟就花了几万块钱，将这块地围了起来。以前田里烧荒，对树影响很大，有次差点烧到树边，现在这个问题解决了。专家还建议，除草不能用除草剂，说对古树有影响。于是，现在每年两次，我和老伴就人工清杂。树挂牌了就是国家的，我们会把古树保护好。

"这样做得对！"带着探访后的些许满足，我们返回来处准备回去，这时下棋的又多了几个人。我们又上前聊起树来。当聊到这两棵榔榆树的异同，特别是榔榆树的作用时，众人纷纷讲个不停，说榔榆全身都是宝，过去荒年可发挥过大作用。一位老人说，树皮刮下来后，放在斗窝里用榔头砸，捣磨成粉，做面和菜糊着吃；树叶可炒着吃，也可放在米中煮着吃。只是，现在条件好了，再也没有人吃了。但不管什么时候，无论什么情况，村民都对榔榆树充满敬意，不许损坏更不许砍伐。

见我们对古树如此感兴趣，一位老人说："你们看古树？山下还有两棵大树呢。""是吧？"虽然有些累，但一听此言，我们浑身来劲。

老人叫张学敏，今年近70岁。老人领我们向村西山脚下走去。原来这两棵树，一棵是柳树，他家的；一棵是桦树，公家的。

柳树就长在山脚下，硕大健壮，是当地的旱柳（其实是旱柳的栽培型"绦柳"，或旱柳与垂柳的天然杂交种，性状介于旱柳与垂柳之间）。树高十多米，树粗"两人抱不过来"。老人说是爷爷奶奶在时栽的，可能也有上百年了。柳树整体略向西南倾斜，像是"火炬"造型。几根大枝丫烂后被风刮断，不过靠右边又发了新枝。树根未见空腐，敲敲树身"嘭嘭"作响——树未空心。树皮胀裂凸起，像条形水泥浆块嵌刻在树上。老人介绍说，柳树原先是五棵，现在只剩这一棵了。

桦树在柳树西边不远，长在半山腰，远远望去甚是雄伟，像是个大型的"孔雀开屏"。树高15米左右，发枝点4米左右，树围"三人抱不过来"。树皮黑里掺白，树干上形成竖形白条纹。桦树是桦木属植物的通称，全世界约有 100 种，中国产 29 种，其中以白桦分布最广。这棵应是白桦了。我问，桦树种子是从哪儿来的？老人一指说，"本地的，1966 年栽的，你看这四周都是桦树"。细一瞧可真是，周边头十米高的桦树有十多棵，只是显得瘦直。老人还介绍，桦树果子长成串，板材可做篮球板，经砸耐掼。不过，桦树的优点远不止这些。回来后查资料得知，桦树不仅材质坚硬，树皮可热解提取焦油，树的汁液可以制作饮料，还可制作工艺品。只是我们对它的认识太少了。

"村里有这么多大树、古树，又都保护得这么好。"我不禁赞叹道，"这说明村里有爱树护树传统。"老人说："是的，村名叫竹园张，有这个意思。""为什么叫这个名？"我好奇地问。老人回答道："你刚才来的塘中间有一个土墩，上面长满了竹子。村名就是这么来的。前些年刚整修过。"

按老人介绍，临走前又细看了刚路过的水塘，果真在那儿有一小竹墩，夕阳余晖下，鸟儿正纷纷归林，叽叽喳喳好不热闹。我想，这或许就是竹园张绿的"密码"了。■

（2022 年 9 月 10 日）

拾起掉落的"牛奶枣"

今是"九•一八"国耻日。上午9点多,凄厉的警报声响彻合肥城区上空……碰巧我们今天去肥东县众兴乡花灯社区探访古枣树,也勾起了对不堪回首的历史的回忆。

花灯社区是众兴乡政府所在地。众兴与新站区毗邻,历史上属于李鸿章故里(磨店)大的范围区域,从这里的小东乡也曾走出一批淮军将领——以张姓为主的"张家军"。而花灯社区四房村民组的三棵枣树就是由淮军将领张继涛栽种的。有媒体报道说,张继涛随李鸿章征战有功,但性格上过于武断,故李鸿章赏其三棵枣树等,让他衣锦还乡。张继涛从天津将三棵枣树运回栽在自家园里,至今已有128年左右。时光荏苒,只是这枣树中的一棵长势已大不如以前。(我查了田玄《淮军》一书中"淮军主要统将表",未找到张继涛之名。)

从贯穿乡政府所在地的南北大道向东一转,直走几百米便到四房村。在村中两处房子中间,便可见到这三棵枣树。其中靠西的两棵挂了古树保护的牌子;而最西的长势最差,中间的尚可;靠东的那一棵并未挂牌,但长得最好。

最西的这棵枣树,略向东斜,树高10米左右,西枝、南枝已无叶子,光秃秃泛白的树干犹如大漠中的胡杨。只有北枝头尚有几簇枝叶——这棵古枣树岌岌可危了!中间的这一棵比西边的略矮些，树干两米向东处，清晰可见枝丫被截断，那是养护的结果。这棵枣树长势尚好，没有生命之虞。细细看，在树枝上竟然还挂着几颗青枣。更令人欣喜的是，地下洒落了一些熟透的枣子。这些枣子，有的由青变红，有的半青半红，有的已半烂。最东边这一棵长在一户人家院里，紧挨东边房屋，长势很好，看不出老态，但树上也已不见枣子了。房屋的主人叫张声国，可惜今天外出了，后来知道他就是古枣树主人张继涛的后辈侄孙。

　　"你们来迟了，枣子下市了。"西屋邻居张理华今年63岁，十分热情好客，详细向我们介绍了三棵枣树的来历和现状。

　　他说："张继涛回乡后，不仅带回三棵枣树种下，还相继种了梨树、柿树等，仅梨树就有300多棵。可惜这果园后来集体化时陆续被砍掉了。但枣树留下来了，只是留下的是西边两棵，东边那一棵是后来发的。"

　　"哦，原来是这样。"我说，"怪不得东边这棵枣树未挂牌。"

　　"这枣树是从天津北方带回来的，不同于我们当地的枣树。"张大哥继续介绍道，"我们当地的枣树叫滚子枣，两头一般粗，虽然产量差不多，但口感粗渣渣的。还有一种叫小葡萄枣，毫毫大（较小），更不好吃。而这从天津带来的枣树，长得像牛奶头，两头细一点，中间大一点，所以叫牛奶枣，吃起来又脆又甜。这几棵古枣树后来陆续自发，邻居就将这些小树栽种在房前屋后。你看我家院子里就有一棵大枣树，今年结了很多枣子。"

　　果真，我在张家后院看到一棵大枣树。这棵枣树足有9米高，树根向东屈伸再向西上长。为了防止树倒，还特地在屈伸处安了一个支撑。这棵枣树是张理华父亲将门前发的枣苗移栽过来的，至今也已70年了。

　　我问："枣子卖不卖？""卖。"张大哥回答说，"家里吃不完，今年卖了千把块钱。""这么多？""是的。"张大哥说，"今年这棵枣树结了120斤左右，送到磨店去卖，一斤能卖10块钱，一棵枣树收入上千块。当然今年是枣子大年，隔年是小年，一棵树只能结几十斤。""全村这样的千元树有多少棵？""不多，20棵不到吧。"张大哥还高兴地说："今年我家后院新发了三棵，其中一棵当年就长枣了，只是长了一颗，这也真是奇了。上个月是盛果期，我摘了些枣子泡了四小坛酒，这酒比瓶装酒还好喝呢。"

我又问，关于这"牛奶枣"的传说很多，据说，曾经有日本鬼子在枣树上拴过马，至今还有瘢痕。

一提起日本鬼子，张大哥的表情很痛苦。他说："日本侵略中国时，在离这儿不远的小圩建了个碉堡，无恶不作，干尽了坏事，到周边扫荡时，有时会将马拴到枣树上。只是枣树皮两年就剥落，再长新皮。即使有瘢痕，几年就长平。何况这么多年了，哪能看到？"

"那当年日本鬼子的碉堡还在吗？""没有了。"张大哥说到这加重了语气，"日本鬼子不是人，干尽坏事！鬼子一夜之间被赶走，老百姓恨不得将鬼子用的东西，能铲的全部铲掉。"张大哥接着说，"有些事情真是不堪回首。我听一位老人讲过很多过去的事情。他说，鬼子干的那些坏事、丑事，太坏，缺德……"我默然。这是我第一次听到人们恨不得一夜铲除日寇痕迹、一刀砍掉这黑暗日子的情形。这是另一种形式的痛彻心扉的屈辱、无奈和仇恨。

但这几棵枣树到底有没有瘢痕呢？临离开村里时，我又到树下，抚摸枣树，确已看不到了。只见烈日下，枣树皮犹如古代将士的盔甲串在一起，有的已胀裂，轻碰树身，有的便掉落下来……落皮无声，心在滴血；瘢痕不复，国耻难忘。我想，未来可在这儿留一碑，记下这不能忘却的国耻。

众兴乡是众兴水库的所在地。为了保护水源，众兴乡的苗木花卉发展得很好。带着古枣树是如何落地生根、发扬光大的疑问，我们找到了新的传承人——桂侨农业科技的殷永辉。十年前，他与一班人利用发散至店埠杨疃的老枣树苗，嫁接陕西大荔枣苗，新育"李府贡枣""徽贡"等新品种。这个新品种兼具华北枣树（三棵古枣树）与西北枣树（陕西大荔）的优势，既有别于本地的原有品种，又不同于山东冬枣，每年九月中旬上市备受欢迎。

我们在镇西离四房不远处的枣园里，看到了新品种的枣子正挂满枝头，摘下尝后果然既脆又甜。殷永辉说，市场很畅销，一斤可卖十多块。我们买了两斤，既是尝鲜一饱口福，又算是对殷永辉们重拾这段历史记忆的鼓励。■

（2022 年 9 月 18 日）

朱老家柿园打柿记

9月18日下午4点多，西垂的阳光照射进肥东县众兴乡华光社区朱老家组朱长高家的柿园。朱长高老人今年快90岁了，耳背，此刻正躺在屋里休息。他的女儿朱涵芳（65岁）听说我们来了解古树情况，十分热情，连忙招呼说："快请坐，我打几个柿子给你们。"

古树所在的果园在村北头，近一亩地，历来是朱长高家的。果园有挂牌保护的柿树7棵，树龄约为208年；还有两棵挂牌保护的麻栎树，树龄也约为208年，地下散落了一些类似板栗的果子，想必那就是麻栎果了。

我们怎么也劝不住朱大姐，她拿起一个长竹竿，就朝树上打柿子。不过，你细一看，这打柿子其实是钩柿子。只见她手里拿着一根竹竿，这根竹竿足有4米长，竿头用铁丝扎了一个圆圈，圈下再用布做成一个布兜，打柿子时，先将布兜对着柿子，然后用力向后一拉，柿子就掉进兜里打下来了。

见大姐打得如此有趣，我不禁跃跃欲试，"大姐，我也来打一个。""好。"大姐递过竹竿。"这还不容易？"拿起竹竿轻飘飘的，我暗自得意。

一棵古柿树上挂满了柿子，大多是青色的，只有少数几个是红的。我看准枝头一个红的，想一下子打下来。于是，将布兜对准红柿。"对上了，拉。"可是，一用力，貌似进兜的红柿又被树枝拉住，反弹了回去——枝、果仍旧相连，柿子在枝头乱颤。如此反复三回，就是不见柿子下来，我有点泄气。见状，大姐对我说："你用力的角度不对。柿进兜里后，竹竿要向上再翘一下，这样一用劲，向后一拉，柿子就会离枝。"按大姐的指点，如此一做，果真，柿子掉进了兜里。我很长时间未参加过体力劳动了，手里拿着泛红的柿子，快乐溢于言表，难怪参与式劳动的游学活动那么受人欢迎。

大姐搬来板凳，我们坐在果园前轻松地聊了起来。大姐说，老父亲年纪大了，弟兄和侄子们都在外地上班，于是我就回娘家，一面服侍老人，一面收拾、管理果园。原来果园的柿子是对外卖的，我十六七岁时，就曾和父亲挑着柿子到合肥去卖。记得那时往往是上半夜就起来，天快亮时才到。只是现在没有人搞这个东西了。前几天我家儿子和孙子们回来看外公，外公说，你们摘些柿子带回去，下班拿到菜市场去卖。孩子们哈哈大笑说，现在谁还干这个？但不管怎么讲，老人家和我总是惦记这片果园，特别是这里还有几棵古树是政府挂牌保护的，我们当然更要保护好。

临别，我们又走到柿园前。大姐指着一棵已枯死的柿树说，这是去年死掉的，十分可惜。我说，一个家庭院子里有这么多挂牌保护的古树，在全市还不多

见，古树应该保护好。将来，可以将这建成一个家庭古树园。大姐说："这当然好，只是从村口到这果园一小段路还不好走，如果修通了，来人看古树就方便了。"

从大姐家向南到村头也不过两三百米。村路是水泥路，虽然窄了些，但小汽车可以通行，未来将路延伸到果园边似也不难。

朱老家村到处都是树木。在村头刚才停车的地方，看到一颗类似梨树的古树挂满了果实。房东老大爷介绍说："这是木瓜，中药材，和梨子长得像，十多年前从外地移种来的。"老人家屋西两棵石榴树挂满了石榴。老人很自豪地介绍这一切，并且趁我们不注意，脚向树根处一踮，一下摘了两个，递给我们说："这可能熟了，带回去尝尝。"看着老人家诚挚的表情，我们内心充满了感激；联想到上午去花灯社区探寻那三棵枣树时女村干带我们去的情景，不禁感到暖意融融。

那是上午在花灯社区，当我们请在值班的一位女村干带我们去张声国家时，她一口答应。那时她的儿子也刚好写完作业。于是，她带儿子骑电瓶车在前，我们开车在后。路上，只见她的儿子一直背坐着看着我们。起先我们认为是孩子调皮故意这样坐的，还担心这样有危险。当到张家门口后，她便带儿子回家吃饭了。这时，只见她儿子一下子反过来坐到她的前面去了。此时我们才恍然大悟，原来刚才来时，是她叫儿子反着坐看我们能否跟上——多么淳朴、可敬的乡亲！▪

（2022 年 9 月 18 日）

孙立人故居的木瓜树

9月18日下午，我在肥东县众兴乡朱老家看到一棵木瓜树，上面结了一些像梨子一样的果子，猛然联想到，同类型的木瓜树孙立人故居也有，便萌生了国庆假期去看一看的念头。

孙立人是抗日名将。缅甸仁安羌一役，孙立人指挥一个团击败日军1200余人，解救7000名英军以及500余名传教士、记者及侨民等，一战成名。孙立人是庐江人，其故居在现金牛中学内，原有房屋百余间，后逐渐拆除，仅剩1幢房屋11间约250平方米，其中有孙立人24岁结婚时的住处。现辟为"孙立人纪念馆"。

假日里的校园一片宁静。学校建设得很好，设施一应齐全，绿树掩映下的校园美丽、整洁、色彩鲜明，富有绿动之美。故居纪念馆在校园西北侧，是一个前后进的四合院。后屋是原有住宅，为纪念馆展馆的主体部分。前屋和门楼是前些年根据原样复建的。2018年12月，由清华大学安徽校友会捐献，在故居门前东侧新立了一个碑石，上刻将军"义勇忠诚"的手迹。

将军故居里有三棵古树，相传是孙立人所栽，挂牌保护的树龄显示已有 119 年了。我想，不管是否为将军亲栽，将军见证了这几棵古树的成长，一定是不争的事实。也就是说，将军在家乡留给后人有生命的存在，便是这几棵古树了。只是两棵香橼长得不够好，一棵已进行了抢救性保护，而那棵木瓜树却长势良好。

这棵木瓜树长在故居院里东头，奇的是，树为一根两干并为连理。只见在地平线上，两干连在一起，从下向上约有一尺高。树的四个根须暴露于地表，犹如钢丝向北、向南伸展。根基一尺以上，向东枝干紧贴屋檐向上生长，在 2 米处再发五个分枝，那是向东追光的结果。向西南枝干，在 1 米处再发一枝翘着生长，然后，在 1.8 米处再发三枝。最终，两个主干分枝在 3 米处会合，密插在一起形成一个整体。仰视树梢，分不清是从哪个枝干长出来的。这样的树形——根相连、干相依、枝相伴，联想到孙立人的背景，很难不联想到海峡对岸。

木瓜树树皮光滑，青黑泛紫，又似紫薇。树叶像桑树那般大，为椭圆形，叶片边缘呈现锯齿状，略有虫眼。今年虽然大旱，但枝头挂了一簇簇果子。数了数，六条树枝上长了六簇果子，一簇有三五个果子不等。大的如梨子（苹果）那样大。一些已掉在地上，大多已半烂。有趣的是，有两个飘挂在檐口两瓦中间。我在树下捡到一个完好的，大小正好能一手抓，苹果形，青皮，上有树枝擦划痕，还有一铜钱般瘢痕，闻一闻略有点果味香。

木瓜可分为两类：一类具有食用价值，是从国外引进来的，又称番木瓜，是番木瓜科番木瓜属的热带、亚热带常绿软木质大型多年生草本植物、著名的热带水果之一；另一类是本土型的木瓜海棠，又叫毛叶木瓜，《诗经》中早就有"投之以木瓜，报之以琼琚"的记载，现一般不食用，但具有医药价值，是蔷薇科木瓜属灌木或小乔木，果实味涩，水煮或浸渍糖液中供食用，入药有解酒、祛痰、顺气、止痢之效。果皮干燥后仍光滑，不皱缩，故也有光皮木瓜之说。之所以又叫木瓜海棠，是因为它与海棠同属，花开相似。孙立人故居的这棵木瓜属于后者。有参观者听到介绍后，从地上捡了一个拿在手中端详，准备带回家。

为了保护这几棵古树，特别是香橼，当地政府和林业部门下了很大的功夫。2008年大雪前后、去年，几次请省、市林业专家来此会诊施救，这才保证古树的生命得以延续。站在院东头的木瓜树下，向北就是将军的婚房，向西几米处便是将军的铜像。

同样，为了挖掘、传承团结抗战精神，当地政府这些年也是做了大量卓有成效的工作。先是在2007年前后，将已作女生宿舍用房的故居收回。2008年4月，在此新辟"抗日名将孙立人抗战事迹陈列馆"。2015年前后原样复建门楼及前屋，并在原陈列馆基础上，扩建成"孙立人纪念馆"。这对推进抗战史料的挖掘和海峡两岸的交流合作产生了积极影响。原中央统战部的一位负责同志参观后说，我要拍些照片带给国民党老兵后代，看共产党县政府是如何对待抗战将领和老兵的。纪念馆也得到了孙立人亲属的充分肯定，孙将军之子孙天平就曾多次来到这里，并用自己的实际行动为祖国统一、两岸经贸文化交流尽心尽力。孙天平曾受邀参加抗战胜利70周年观礼，他说："中央对抗战时期所有战士贡献的认可，我觉得对很多抗战老兵来说是莫大的鼓舞。"

孙立人将军在台湾的故居，亦是他的软禁地，后于2010年11月被辟为"孙立人将军纪念馆"，马英九先生亲自题名并出席开馆式。故居原先离市区很远，前面有一大片林地，现在已基本相连，但部分林地还在；故居里也有不少树木、盆景。只是不知道，其中是否也有这木瓜树？如果有，那一定是将军寄托的一丝乡愁；如果没有，那将军的乡愁里会多一份牵挂。现在这边木瓜安好，一切更好！■

（2022年10月5日）

柯坦桂花香如故

"一秋无雨亦无风，比似常年迥不同。"今年特大干旱，庐江县柯坦镇郑家花园的桂花如何了？10月1日近午时分，我们来到柯坦镇政府所在地一观其芳姿。

郑家花园坐落在柯坦镇政府大院内，又称郑家大院。建于晚清，为典型的徽派建筑。占地约5000多平方米，有100多年历史。主人郑临川，又名陈琦，曾任清朝河南省中牟、蔚氏、新郑三县知县，他年高隐退看中柯坦这片风水宝地，在此建起一座徽派风格的庄园。庄园分为前厅、后院，中间是走马转心楼，雕梁画栋，十分壮观。后院修了一座花园。相传郑家庄园是笼子地，大门对西南柯坦老街，有聚财之意。在后院人工堆垒起一座假山，也就是"笼塞"，寓意钱财不会流失。假山上种植竹木花卉，步步有景，优雅别致。主人还在庭院里栽种12棵桂花树、天竹及其他名贵树木。庄园在历史上曾遭到人为破坏。后园建影剧院将前庭拆除，并将两棵桂花树砍伐，现存10棵。1993年春间，一场雷电引起大火，将后院一幢木楼共计12间房烧尽。现仅存的部分走马转心楼，仍旧展现出当年的辉煌与荣耀。

以上摘自于庄园内的介绍。我在庐江工作时，曾多次到过这里。也许因为是文物保护等需要，也有经济方面的原因，镇政府办公和住宿条件当时是全县最差的，只是后来才在离这儿不远处新建了干部集体宿舍等，但办公室一直在这儿未动。今来此观花，欣喜地看到办公室依然如故，镇干部正留守值班。

现存的10棵桂花树都是在庄园"笼塞"之西，其中门前2棵、走马转心楼内4棵长势较好。而在这4棵中，最西的一棵，虽历经151年风雨，长势最好。

这棵桂花树有三层楼高，一根两干，胸径50厘米左右，发枝点在1米左右，各向东西发枝。西干在1.6米处再向上发两枝，东干在1.5米处向上也发两枝。枝头挂满了桂花，花都挤到二楼里了。时值"桂子月中落，天香云外飘"之季，近闻桂花有香，但味不是特别浓，一股清香而已。桂花树皮青色泛白，似有青苔，看来今年大旱未受影响。东面第二棵长得也还好，南面两棵略小些，但长势同样不错。一阵微风吹来，地下洒落金黄细碎的桂花，令人不舍踏入。

郑家庄园历经 150 多年的风雨，基本风貌依旧，若干主体建筑依存，当年种植的桂花依在并且清香如故。

令人高兴的是，近期文物发掘保护有了新进展。我在故居介绍牌中看到介绍：抗日战争时期，新四军江北指挥部的宣传队曾多次来这里宣传抗日主张。郑临川的两个女儿郑家玉、郑家仪受到感召，投笔从戎参加新四军奔赴抗日前线。20 世纪六七十年代，郑家后人返回郑家庄园，主动提出将郑家庄园赠予政府，由政府进行保护管理。这段介绍对郑家后人的情况有了清晰的交代，迥然异于合肥一些圩堡、大院后人不知所终的情况。对走马转心楼也进行了初步维修。未来，应可按原样逐步恢复。

令人欣喜的是，郑家花园的桂花种植也得到了传承和发扬，镇政府门前的大街上就一路种了成排的桂花。只是不清楚"桂花经济"打造得如何？苏州光福镇是"桂花之乡"，这些年来，村民种花卖花，开发桂花食品，办桂花节、搞农家乐，忙得不亦乐乎，柯坦镇是否也可以如此这般？

令人欣慰的是，这些年柯坦镇的发展，特别是茶叶种植等特色农业发展令人刮目相看，但柯坦镇政府虽然旧、陋，却依然在这花香之中坚守。我特地拍照，记下这简陋的门楼。

临别，拾起一穗桂花，颇有些感触，日月如梭，谁又能说"鼻观了无分别想"。因为同人结心，初衷不忘——为了这方土地的花更香。

10月4日补记：今天寒潮来临，大风降温。■

（2022 年 10 月 2 日）

走下塘里看池杉

　　今岁大旱。前天，武汉的朋友发来一条微信信息："长江罕见枯水过程，从北岸可走到天兴洲。这里竟成为江城居民节日的打卡点。"大汉塘水中池杉林是庐江近些年兴起的一张旅游名片，这些天水库水枯树出，情况与此类似，倒是也可以走下塘来，一睹往日看不到的池杉水下风景。

　　大汉塘位于柯坦镇城池村。城池村相传是三国名将周瑜的故城——"周瑜城"所在地，至今在大汉塘一千米前处，留有大块砖石和夯土层的痕迹等。大汉塘实际是一小二型水库，建成于1973年春，原名叫"新建水库"，与邻近的舒庐干渠相连，是"长藤结瓜"水利灌溉体系中的一个"瓜"。

　　之所以叫大汉塘，可能并非其大，因为它只有300多亩，小一型水库都算不上。它的得名只是近些年的事，一些自媒体热心地借周瑜、大汉朝来宣传。不过，这儿原先确有一个不大的水塘，水库就是在这基础上扩挖的。

　　水库建成后，在绿化祖国的热潮中，这儿因是畈区找不到更多绿化的地，当地政府便在水库边种下了1.1万棵池杉，现留下约3600棵，算是借水种树了。但意想不到的是，几十年后长在水中的树，从春到夏，四季变换，景色各异，十分震撼，同时吸引众鸟云集，蔚为壮观，这儿一夜之间成了网红打卡地，还上了众多央媒。池杉林意外地成为引人注目的旅游产品。我在县里工作时不曾对此塘关注过，倒是去"周瑜城"进行过现场调研。对它的关注还是这些年随着各类媒体关注的升温而起，国庆期间有暇来此一览。

正是烈日当空，天气格外地热。从柯坦到城池的县乡道路两旁，即将成熟的水稻在烈日映照下一片金黄。远处传来机器的轰鸣，一望是一块成熟的水稻正在收割。

大汉塘位于柯城路东侧，从路向东步行二三百米便到。塘埂（水库大坝）上正在摊铺柏油，想必是在搞旅游配套设施建设。站在塘埂向东南方一望，一片池

杉林便展现在眼前。塘堤与塘下有条河沟，那是大旱后水退的"水为"痕迹，水库一上水便会消失。林中有些人在游玩，还有一户竟在林下搭了一个帐篷，想必塘底已干。于是，我们便从塘埂下来，越过河沟，径直跨进林来。河沟的土看似已干，但显青色。一个小朋友跑过来说：小心！这土软得很，不能踩，要跳过来。按照孩子的提醒，我们稍一跨越，便站到已干涸见底、底板已硬的塘里。

在塘里徘徊，由北向东，再朝南向西，明显看到当年绿化的痕迹，池杉从东向西一排排整齐站立。东南方尚有一些尾水，整个大塘都已干裂，不时可看到半个半个的瓦扎（河蚌）浮在塘泥上。塘里的水生植物也已消失殆尽，只剩外表面的泥土——江河水塘干枯，真是生态灾难，此时哪有什么网红所言的景色？一想到这，心情略有些沉重。

下午两点多钟，阳光正烈，虽缕缕阳光照射进树林，但塘里一片阴森。心里虽有大旱对植物生长不利的焦虑，但也是徒叹奈何，既来之则安之，逼着自己索性

将这原先看不到的水下风景看个够。

首先是树上的水位线清晰可见。这片林树高约十米不等，每棵树都有一道像白石灰刷过的痕迹，那是水没过的痕迹，或曰水位线。只是水位线相等，树的高低位置不同，因此树上的标识也就不一样高了。

其二是宝塔形树形令人称奇。大多数池杉基部膨大，快近水位线在 1.5 米处时，竖直向上一下子又变得很细，基部与中干的宽度比大体在 2:1。枝头向上又形成狭窄的树冠，呈尖塔形。整个树的造型像

圆锥体的火箭，腰部以上又像是广州的"小蛮腰"。基部的粗壮，既是吸食生命养料的原因，更是抗风浪强基体的必然结果，因为三角形最具稳定性，池杉的生长体型正服务于这一生长环境。这或许是它能屹立于水中而不倒的一个重要原因。

其三，池杉根系发达出人意料。池杉的根很多暴露于塘底，有些延伸得很长，像是榕树的根。特别是在整片林与河沟之间形成的断面处，一些池杉的根须充分暴露了出来，看上去有些令人担心，生怕树因根须断裂而倒下。

其四，池杉树上结了很多果子。站在树下看到的果子很小，但站在塘埂上，在太阳的光照下，果子亮晶晶的，星星点点，分外引人瞩目，一群鸟叽叽喳喳正在树上盘旋。

其五，池杉的叶子像松树，但很柔软且没有刺，将枝条拿在右手，在左手臂上轻轻一扫，

竟有一些毛茸茸痒乎乎的感觉。

真是美不胜收，妙不可言。这些风景是大旱带来的难得一见的风景，只是可能要付出一些代价了。临走时，见到一位在此值班的老乡，问他像这样的大旱见过没有，说未见过。再问要不要从干渠放些水来，哪怕放一点垫塘水也好？他说，那当然好，不过马上要秋种，都要水，哪能够得上？不过，他宽慰我说，不要紧，池杉耐旱。

可是，池杉本来就是生长在水中的呀，耐湿性强才是其最重要特征，但是否耐旱呢？也许不能用一般树的抗旱标准来对照吧，短期可以，长时间肯定会有影响，是否要采取必要的补水措施？因为这片林现在不仅是生态林，也成了网红打卡林，周边正在修路，临时停车场也已修好，水杉树叶即将由青变红，最美赏林季就要到来，可千万不能出问题。想到这，我便拨通电话，向相关负责同志提出了这样的建议。■

（2022 年 10 月 3 日）

卧牛山上的麻栎树

一阵秋风吹来，硕大的麻栎树上掉下一些看似板栗的果子。一对年轻夫妇喜滋滋地捡拾起来，带回家给父母做有治疗功效的"麻豆腐"。巢湖卧牛山公园这样的麻栎树竟有 10 棵之多，其中最长的树龄为 126 年。10 月 2 日下午，我们来此游览，特地去看这些古树。

卧牛山公园刚改造开放，我们来到卧牛山游览，对新建建筑并不急于参观（也尚未建成开放），而是顺着历史的记忆，去看那藏在山中山后的山林古树。

卧牛山是巢湖神奇的城中山，相传山形似一卧牛饮巢湖水而得名。《巢县志》则记载：卧牛山是巢父和许由隐居之地。卧牛山不大，面积仅 0.7 平方千米；山也不高，海拔只有 48.2 米，但因雄踞城中能一览巢湖而备受市民喜爱。山上原本有一些宗教场所，山麓有府衙、书院等。早在 1937 年，冯玉祥将军就回来提议建设"牛山公园"。新中国成立后相继在山脚建了宾馆、会场等，改革开放后还新建了电视塔等。原党和国家领导人胡耀邦等曾来此登临，一代文豪郭沫若曾写下"遥看巢湖金浪里，爱她姑姥发如油"的诗篇。

卧牛山林木葱茏，生态环境极佳。我 1984 年调到巢湖工作时，单位宿舍和家就在山下，早晚散步、锻炼，与卧牛山"相看两不厌"。孩子出生后能玩的第一个地方就是卧牛山，能爬的第一个动物像是水泥钢筋做的卧牛，能开的第一辆车是少儿乐园的碰碰车……那时，只觉得山上树多、树大，还有竹子等，至于树种、树龄倒未曾关心过。随着年龄的增长，也与我在政府工作时分管园林有关，近年来，我对古树保护格外关心，对卧牛山公园改造后的古树情况也就多了一份牵挂。

拆迁改造后的公园大体可以分为两个部分：前面是广场，后面后山是绿化。现在人们有议论的是前面广场历史建筑的拆解；我到公园走了一圈以后，感觉后山基本未动，古树保护完好，心里便释然了。

后山是卧牛山的北部，由西向北到东形成一个大半环，林木主要集中在这里。

在山的西侧，顺路向北，儿童乐园与花卉园之间，麻栎树就长在这里。在花卉园对门西北方、凉亭之前，有一棵高大健壮的麻栎树，引得我们流连忘返。

这棵麻栎树，长在半山坡，高约 11 米多，胸径 0.8 米，发枝点在 4.5 米，想来当年小伙伴们是难以爬上去的；大树向东、南、北发杈，每杈枝再向上斜直发枝，各自形成一组，构成了高大、枝密叶茂的大树。整棵树向东南方向生长，树幅有 10 多米，东枝横盖树东路面，北枝有七八米长。树皮像栗炭，黑里泛白，虽然风化，但长得很紧，一块未裂，没有斑驳之感；也一块未掉，纹路竟然像流水一般。手一摸，瞬有沧桑感。树叶尚青，一些已开始泛黄。

顺着这棵麻栋树向南，还有两组麻栎树。一组在这附近，一组在儿童乐园北面，都长势较好，虽未挂牌，但树龄都应在五六十年以上吧。

其中，在儿童乐园北边的半山腰，一棵麻栎树高约 12 米，胸径约 60 多厘米，发枝点在 4 米，南北枝干有七八米长，向南倾斜向东生长，长势正壮，可谓"英雄山（卧牛山曾名）上英雄树"。

奇的是，麻栎树周边都长着青桐，有的贴得很近，个头也很高，只是像毛竹那样瘦长。这种现象是否为植物特别是树木的相依相生现象？或者因为青桐是巢湖市的市树，山上宜于生长的缘故？

虽为巢湖人，但有些年未到山上转了，环山路一走，似乎又找到了些许当年的感觉。卧牛山古树不少，向东转还看到了挂牌保护的三角枫、杜仲、榔榆、皂角树，这些树也都是百岁老树了。

在这些树所挂的牌子边，有的还有喷药和管护的标志。可见园林工人在古树保护上下的功夫。

古树对于生态、公园建设的意义不言而喻，现在对卧牛山公园的建设来说，如转向山后的部分，那就要立足于保护了，争取不动一棵树，甚至可以容忍一定的"荒野度"。毕竟建筑有生命周期，也有审美的异同，甚或可建可拆，但树木特别是古树则不可，因为它们的生命只有一次。

走到东边竹林，一阵风吹来，沙沙作响，年轻时曾在那背过书，不由得多看几眼。时光流逝，过去已回不去，但留下美好记忆的生态本底应该长存。■

（2022 年 10 月 2 日）

一路法梧很倾城

　　合肥芜湖路上的法梧，承载着火红年代大建设的记忆，伴淌着汩汩文脉，伴随着四季灵动变幻，为合肥人民所珍爱。我曾想今年来这里看她四次，看她一个完整的四季变换的全过程，可惜在深秋时才走进她的世界。

　　说来也巧，忽如一夜飞香来，今晨合肥大街小巷桂香氤氲。前期受大旱影响，桂花盛开时花香似乎不浓，孰料这几天气温变化很大，竟然"桂"开二度，花香不期而至。傍晚时分，走在芜湖路上，欣赏秋末的法梧，竟也闻得到阵阵馨香，令人神清气爽。

　　芜湖路上的法梧栽于1955年，长在3100多米长的路两边，现仍存669棵。这些寄托着合肥人民美好回忆的法梧，成为"最合肥"之一，历来为市民和政府格外看重。我也是在于公（分管过城市园林工作）于私（个人喜好）间建立起对这一林带的深厚情感。过去虽来过多次，但没有完整地系统地看她一年四季的生长情况，真心想来这慢慢地走一走，静静地看她的绿叶初发、浓荫蔽日、秋叶飘零、光干傲雪的四季风景。虽然又一次爽约，但迟看也有不错的风景。

　　下午五点，太阳仍高挂在天空。走在省图书馆到包公园这一段，放下匆匆步履，以欣赏者的角度环视四周，一切显得那么灵动而又和谐美丽。站在路边，向两头望去，再抬头望天，第一个感觉是：浓荫覆路的"天伞"打开了。蓝天白云下，铅灰色般的树干上疏枝青叶，加上滚滚车流，构成了一幅鲜明、流动的色彩画。

芜湖路横贯东西，法桐迎街一字排开。与巴黎的法桐径直向上不同的是，这里的树大多呈 Y 形向上生长，历经 67 年风雨，两边大树左右半枝渐渐在路中半空汇合，密闭天成，夏天生长最茂盛时便浓荫蔽日，犹如一个个大伞串挂在半空中，也犹如一条绿色隧道横贯东西。

只是现在已至深秋，"并作西风一夜凉"，"草木萧疏梧落黄"，一些树叶纷纷落下，"天伞"渐次打开，抬头向上，看得见树间空透出的蓝天白云。今天的空气能见度很高，云层叠加犹如片状棉絮相叠在一起。而此时芜湖路的主角——法桐主干，显得异常的光亮，犹如铅铸般地耀眼。

法桐，学名为悬铃木，属悬铃木科悬铃木属，该属下 9 种，中国引入栽种的仅 3 种，常统称为法桐。芜湖路上的法桐树干发枝点一般在 2.5 米左右，然后向两边发枝。树皮薄片夏天过后便开始剥落，露出淡绿白色的内皮。此时，一眼看上去又像是灰铅色。在这主色调中，贴附着未剥落的树皮薄片，显得有些斑驳陆离。此刻，站在路北的省图书馆边向东张望，成排的法梧像是一个模子浇出来的，树的一枝向路中间倾斜，另一枝向北伸长，而树干则显得异常铅白，一眼望不到头，像是披挂绿枝的水泥电线杆。落日余晖下，铅白的杆，绿色的枝，透亮的天，流动的车，闪烁的灯，赤橙黄绿青蓝紫，色彩丰富、鲜明而又和谐、有序，犹如莫奈油画的光影。

这是一幅流动的色彩画，一首跳动的秋之歌。而这美丽的七里画卷，是由一棵棵造型大体相同的法梧组成的。不过再细一看，每棵树形又显不同。由于年代

久远风吹雨打，也有保护的因素，有的树干被截枝看似残缺，有的在掏空处进行了清虫填充看似打了"补丁"，有的主干上又发了新枝看似有些突兀，南侧一棵新发的细枝直上云霄，足有两米多高，但正是这些真实而残缺不一的组合，构建起了一幅维纳斯般的悲壮不屈而又极富历史沧桑感的画卷。抚摸树瘿，磨手戳心，犹如在抚摸生命；拍打树身，啪啪作响，犹如在叩响时光。

法梧是芜湖路的标志，更是不朽的魂灵。为了保护这些古树，这些年下了很大功夫。仅从技术层面，就采取了防撞、防虫、防空洞、防风、防地热等措施。除此之外，包河区还以政府名义出台加强保护决定，设立区级林长，建立数字化管理模式等。走在人行道上，我看到一棵修复的法梧上挂了一个二维码牌，上前用手机一扫，一组数据清晰可见：

芜湖路法梧修复养管信息档案

基本信息：编号（作者引略，下同），中文名（二球悬铃木），拉丁学名（略），别名（略），科属（略），栽植时间（1955年），位置（略）。

特征信息，胸径（58厘米），树高（12.8米），枝下高（2.9米），平均冠幅（13.6）米，生长状况（良好）。

树木照片（略）。

原来今年春上，包河区对669棵中的"老弱病残"树进行了精准养护复壮，并为每棵树挂上专属身份证，实行一树一档，市民仅需扫描二维码，即可了解每棵法梧的资料档案等。

然而，防不胜防，今年5月23日，一棵大树被撞，生命岌岌可危，市民心痛不已。我给区分管同志打电话，详细了解情况，建议尽快修复，并且举一反三，加密措施，以防此类问题再次发生。第二天上午，包河区就请安徽农业大学束庆龙教授到现场指导修复。那几天，社会舆论关注度很高，法梧真真切切成了合肥市民最爱的树种之一，其一举一动牵动着市民的神经。我既为这棵法梧被撞而焦虑，又为市民绿色意识的唤起、保护意识的增强而高兴。

徜徉在芜湖路，不仅感受着绿色，还不时闻到桂花的香气。原来这些年在树中间建了一些树池，上面新栽了一些桂花，今天正二度吐芳，上前用鼻子嗅了嗅，那悠悠花香，沁人心脾。嗅着闻着，感觉还有一些别样的气味弥漫而来。原来日暮时分，街上熟食味也浓了起来，一阵阵飘来很是吊人胃口。在芜湖路与宁国路路口，在包公园门口，有两个小摊在爆玉米花，生意很火。上前一了解，其中一家是从亳州来的，农忙时在家种地，农闲时来这挣些辛苦钱。试尝过递过来的喷香的玉米花，我们花了10元钱买了不加糖的，也像年轻人一样提着塑料袋，边走边吃边看风景，好不悠闲，好不过瘾。一转身，看到宁国路上有一个北京烤鸭店，一高兴进去，花了31元钱买了半只带回家。

此时，华灯初上，包公园门前小广场上仍有很多嬉闹的孩子，各家门店里人来人往。好一幅幸福和谐的市井图，好一幕人间烟火气！

芜湖路本是一条普通的城市干道，但因为沿线周边，有"一代廉吏"包公的归葬地，有省图书馆等早期的苏式建筑，有熙来攘往的市井百态，更因为有这近生长70年的法梧的扶护和串联，历史传承、文脉书香、绿色美景、市民生活便如此天然融合一体，这儿便也成为合肥人深入骨髓的城市记忆和名片。走在芜湖路上，我多想写一首赞美她的诗，礼赞这生生不息的七里法梧长廊！ ■

（2022 年 10 月 16 日）

"盆养"的淮军柏

肥东六家畈是著名的淮军故里,那儿现存的吴家花园是淮军"华字营"团首吴毓芬、吴毓兰兄弟功成还乡后新建的宅院。院中一棵约150年的龙柏至今枝虬叶绿,生机依然。

我今年曾两次走进吴家花园。7月2日下午,酷热难耐,第一次走进花园,在前后进院子中便看到这棵龙柏。第一眼的感觉是院小树大,龙柏似乎要长出来,向上飞出去。院子约百把平方米,东西向,长方形,龙柏就长在院的东侧。站在东

侧屋檐下,只见大树向西南方向倾斜15度,为了防止树倒,相应地在西南处打了两个钢撑支护。树距地面1.7米处发枝,四枝绿叶树头会聚跃上半空。树高约8.5米,超出两边房屋2米左右。整个树身长得结实,躯干上的条形纹路鼓出紧紧扭在一起,树皮黝红泛白。地面护池中向东露出的两条树根清晰可见。柏树1米处树围126厘米。

当地一位熟悉情况的同志介绍说,这棵树应是吴家兄弟从江浙带回来的,或许原本就长在某座"苏州园林"中。移

栽过来越长越好，现在越看越像是一个大的盆景。

大的盆景？对。这个词用得好。只是本来它可以长得更大更高些，但因为院小而不得不压着长，不时地修枝整干。一句话，不得不被"盆养囚长"了。如果放开，那会什么样？

猛然间，我想到了树的主人——吴毓芬、吴毓兰及淮军，他们的境遇与这棵树是不是有几分相似？回来后我又找了有关淮军、李鸿章的资料研读，渐渐有些新的心得。国庆期间陪家人来六家畈游玩，又一次来到这棵龙柏下，静静地看，慢慢地回味，似乎与龙柏进行了一次默默对话……

据记载，太平军起，吴毓芬、吴毓兰先是组织团练看家护院，后加入淮军，随李鸿章出征上海，转战嘉兴、徐州等地。江浙大定后，吴毓芬便于 1865 年辞官返乡。回乡后，广置田产，大兴土木，园林豪华闻名遐迩。吴家花园当是建于这一时期，龙柏也应移栽于此时，屈指算来至今也已 150 多年了。无疑这棵龙柏是淮军留给后人的少有的有生命力的存在了。

时已入秋，几月不见，柏树依然青绿，今年大旱，长势未见受影响。看房的同志说，柏树枝有柔性不戳人，过去乡亲办喜事还要到这儿剪枝。

当再次看到这一百多年的古柏，不禁又联想到淮军的前世后生。也许这硕果仅存的古柏能反映出淮军的一些特点，它的被"盆养囚长"或许就是淮军命运的一丝真实写照。今年我看了一些淮军将领故居的古树，感触颇多，由此也想借着对这棵古树的观感，试着写一写我对淮军的一些粗浅的认识。

李鸿章是淮军的创立者和精神领袖，谈及淮军就不能不联系到李鸿章。梁启超在评价李鸿章时用了这样三句话："吾敬李鸿章之才，吾惜李鸿章之识，吾悲李鸿章之遇。"套用这三句话来概括淮军以及吴家花园的两位主人，也大体恰当。

我敬淮军之忠勇，当然主要是指在卫国战争中的贡献。淮军本不应该有，只是大清朝的八旗兵、绿营兵等"国防军"不堪一击，为了"平吴剿捻"，不得已应运而生。

吴家先辈 800 年前从徽州迁居而来，熟稔和遵从的是四书五经、耕读兴家，舞刀弄枪本不擅长，走向战场更是被逼无奈。吴毓芬的父亲吴璠虽乡试未中，但耕读之余仍笔耕不辍、诗作不断，曾在家乡建造"未园"，将诗词结集出版，取名为《未园诗集》；二弟吴毓芳还曾中进士。但烽火骤起，只得兴办团练，南征北战。

吴家兄弟以及长临河子弟们跟随李鸿章，越战越勇，队伍越来越壮大，护庐州，守上海，平江浙，拱津门，卫台湾，战朝鲜。淮军的战绩中，合肥东乡六家畈子弟立下了赫赫战功，然而更多的是悲壮。1894年的"高升号事件"，600多名六家畈子弟宁死不降，血洒黄海，成就了"忠勇六家畈"的美名。现今在镇东建有一纪念馆，较好地还原了这一历史。

只不过吴家花园主人过早地离开了战场，吴毓芬于1891年病逝于故乡，吴毓兰于1882年死于天津"河间兵备道"任上，少有卫国御外之功。后期的"华字营"团首是六家畈的另一位大将吴育仁。但吴毓兰以一己之力生擒捻军首领赖文光，也足以让其在《清史稿》上记下一笔："……（低阶小官）吴毓兰以擒获巨憝显名。"然而，这样的"战功"只不过是在挽救、延续一个腐朽没落王朝的回光返照，并不为后世所肯定。

我悲淮军之境遇。淮军兴起于平乱，散终于中外之战。其成军之基因就决定着它功成必散的命运，只是外患兴起，一时还用得上，故能维持一段时间。在这"三千年未有之大变局"之际，淮军面临着三重困境需要突围：

一是保家护院。这与清统治者的要求不相冲突，也正是清统治者一时需要的地方，因此一时兴起一跃而起。二是抵御外侮。淮军是清政府不得不利用的抵御之军，因此有的也一时装备精良，如北洋水师当时就号称"亚洲第一、世界第八"。三是华夷之分。封建统治下，军队既要忠国又要忠君，清朝一统华夏，淮军主体是汉人，"两忠"之上多了"一忠"。在此大背景下，上下猜疑、相互制衡如影随形，淮军境遇可想而知。

当然，除此之外，田玄在《淮军》中写道，淮军覆亡的原因在于：淮军的私军形式决定了其必不可久之势，淮军的存在并不符合当时清政府的国家经制，淮军的军饷始终没有得到清政府的一视同仁等。并指出，淮军必然消亡的根本原因在于清政府政治制度缺乏弹性，腐败落后。此言甚是。

我惜淮军之见识。淮军并非一支没有文化的军队，李鸿章算是"开眼看世界"的第一批人。但有此见识的将领毕竟太少，"平吴剿捻"大功告成后，一些将领少不了封妻荫子、衣锦还乡的历史俗套，再无攻城的勇气和血战的锐气，对历史潮流、世界大势更是看得不清，也无勇气面对。当西方列强用坚船利炮纷纷向海外开疆拓土之时，淮军湘军的将领们纷纷回乡，营造桃花源般的小天地，解甲归田，自废武功。吴家兄弟大功告成，还乡首先做的就是大兴土木，这才有了今天的吴家花园等。

当然，在中国传统美德熏陶下，他们还是做了很多报效桑梓的好事。吴家兄弟回来就做了这样一些好事，这些必须充分肯定。一是兴办义仓，赈济同姓。1894 年最高峰时仓内稻谷达到 3000 多担，相当于现在的 270 吨，开近代中国慈善济贫之先河。二是兴办教育。先是创办吴氏义学，后改为吴氏私立养正小学。三是重视文化传承。在村西 1 千米远的巢湖边，建了一座风水宝塔振湖塔；又奉李鸿章之意，牵头续建姥山岛上的文峰塔，圆了"姥山塔尖又尖，庐州府出状元"的夙愿。

只是这样苦读四书五经的状元又有何用？世界已进入工业文明时代，我们那些咬文嚼字的对仗，能敌得过西方列强大炮准星的瞄准？这种内卷式的自我迷恋、自我封闭、自我麻醉、自甘落后，最终难逃被动挨打的局面。这诚如革命导师马克思所言："一个人口几乎占人类三分之一的大帝国，不顾时势，安于现状，人为地隔绝于世并竭力以天朝尽善尽美的幻想自欺。这样一个帝国注定要在一场殊死的决斗中被打垮。"

如果说能否"开眼看天下"，跟上世界工业革命潮流是识，那么很显然，整个淮军、整个国家落后于世界潮流了。与此同时，还应看到，能否认清政治制度、政治体制的优劣是更大的识。很显然，这方面差距更大，落后更多。

梁启超评价李鸿章之识是从维新派看洋务派，一语中的。但中国要改变被动挨打的局面，仅维新也根本不够，在此之后不久就有孙中山先生的革命派。这个时期无论是维新变法，还是洋务运动，都改变不了中国的命运。因此，梁启超对淮军首领的评价既中肯，又是五十步笑百步。

当然，历史不应苛求，总是在阶段性波浪式逐次推进中上升的，凡是在某一阶段做过有益于历史的事的，都应有一个客观公正的评价。对淮军如此，对李鸿章，对吴毓芬、吴毓兰等也应这样。

国庆期间的长临河人气很旺。这些年六家畈的乡村旅游推进很快，淮军的历史也正走入人们的视线。在这祥和的节日气氛中，我分明感受到这里蕴藏着些许历史悲壮，升腾着一股英雄之气。历史是最好的教科书，吴家花园这棵龙柏何尝不是？它从何而来，谁为它移栽，谁为它剪枝复壮，这本身就是一本厚重的书，需要后人时不时打开，静静地读一读……■

（2022 年 10 月 23 日）

古树名木之四十

圩边乌桕欲争红

我从圩上走来，心中装满秋色，难忘那一抹乌桕红。

11月6日，立冬前的一天，安徽省第七个湿地日，我来到十八联圩生态湿地蓄洪区，看那一抹青紫一抹紫红的乌桕树。此前的5日，由中国承办的《湿地公约》第14届缔约方大会在武汉召开，习近平总书记以视频方式在开幕式上致辞。会上传来好消息：合肥成功入选第二批国际湿地城市。这是城市湿地在生态保护领域的最高荣誉。

秋尽冬临，十八联圩这个巨大的变色板正幻化为青灰色，白色的芦花随风飘曳；行道树也变成青灰色的了，只是在南淝河大桥至十八联圩环湖大道处、十八联圩南淝河大堤段，有一抹抹红色、紫色跃入眼帘，那正是秋冬之交"山林虽寂寞""著意染衰颜"的乌桕。

南淝河是合肥的母亲河，一河分东西，河的东岸就是肥东。车过南淝河大桥，即进入肥东十八联圩。滨湖大道这一段行道树，早于湿地建设而栽。驱车而行，车窗右侧便见一抹抹飞红而过。将车停下，拐到圩内，走几步路，从圩内由北向南抬头看，只见这成排的乌桕约有几十棵，四五米高，亭亭玉立。树叶大多半红，呈紫红状，个别的已整体变红。树上白点晶亮，在阳光照射下似繁星闪烁，那是乌桕的果子。圩内、树上不时传来鸟儿的欢叫。这些挺立行道树中的乌桕显得"红"立"树"群。周边满圩的芦苇，足有一人高，微风吹来，芦花点头，似是迎客。

从这儿向西直抵南淝河，顺着大堤再向北跑几百米，站在围堤上向东看，圩

脚下便是去年新栽的乌桕。这南北向的乌桕有三排，几十米长，呈现出三种不同的景象。有的还是青色状，有的是紫红色，有的已透红了。此时阳光正好，圩内像是被镀上一层金黄色，这不同颜色的乌桕树，似是大地秋景图的点睛之笔。

走到圩脚，看到靠南的这一棵呈红色，4米多高，发枝点在1.5米左右，向北、向西南发枝，再向上发出五个小枝，但再进一层的细枝并不多，树叶直接长在枝条上且较密。与一般树相比，显得只有两个层次，少了最里面的细枝铺垫。这可能是刚移栽来不久还未完全长成的缘故。远远看上去，整棵树恰似芜湖铁画，枝条如人的青筋绽现。每一片树叶看上去都很完整，单片的树叶像秤砣状的"心"形，没有相互重叠遮挡。每一片树叶似乎都独占空间，但又似有绿丝串成一体。树叶多为土红色，不是特别红，有的红中泛白。极少数又红透了，显出烂红状。

离此树向东北不远、靠近圩内，一棵乌桕正在变色中，呈紫红色。树形特别的好看，较同类型的粗壮些，足有5米高，发枝点在2米以上，树干呈"Y"形，枝头长满树叶。虽同是移栽而来，但说明此树适应性强，养分很足，生长很好，再过几年一定是这里的标志树。

在这棵树的斜对面，靠大堤边，

一棵乌桕尚未变色，但正在酝酿中，犹如一个害羞的年轻人见到生人脸开始涨红。树干上细枝较密，树叶更多。奇的是上面挂满了白色的果。仔细一瞧，每一个叶柄纤细细长，上有三四个果的团组，而每一个团组上都是三粒种子长在一起。果子扁球形，外有白蜡，故称白蜡果，可提炼油。在阳光照射下，如珍珠般洁白圆润，又犹如梅花一样在枝头绽放。难怪古人赞叹，"前村乌桕熟，疑是早梅花"了。对乌桕树的记忆已较模糊，只依稀记得这种果子是儿时游戏时进攻的"子弹"。

乌桕树是色叶树，三棵同种乌桕由于移栽时大小、立地条件等的不同，呈现出三种不同的颜色，变幻着乌桕秋末冬初不同的色彩。这是大自然给人间美的奉献。在圩堤下细赏这风景，犹如在品家乡的米酒，微醺有点上头但刚刚好。

本来乌桕就是乡土树种，为中国特有的经济树种，已有上千年的栽培历史，最早见于1400年前贾思勰的《齐民要术》，明李时珍称"乌喜食其子，因以名之"。乌桕多年前已走向海外，并被称为"中国油树"。回去查资料，知乌桕木材白色、坚硬,用途广。叶子可染衣物,根皮可治毒蛇咬伤,果实可作油料;由于木质软硬度恰好,历史上还是做女性高跟鞋的最佳原料。真可谓全身是宝。然而,我们对它习性的了解,对它的重视,还是在2020年特大洪灾之后。

十八联圩原是肥东长临河的滨湖圩田,由大小十八个圩口连串而成。圩的西边便是南淝河,对岸就是主城区。2016年那场大水,十八联圩溃破。汛后如何恢复重建?一种意见是实施村庄搬迁,再搞些商业开发;另一种意见是,实施村庄搬迁,将其建成湿地。对后一种意见,赞成的很多,反对的也不少。主要理由是,联圩面积有4.14万亩,如若搬迁,将涉及1.2万人生计和安置。但市委、市政府从更长远的巢湖治理、南淝河防洪等考虑,果断决定实施后一种方案。最终将此处功能定位为:生态湿地、南淝河旁路净化系统、行蓄洪区,并且立即付诸实施。

经过几年努力,至2020年一期初步建成,并在当年抗御特大洪灾中发挥了重大作用。7月19日行洪,蓄水达1.2亿立方米,有效降低了南淝河水位,保证了城防的安然无恙,发挥了巨大的减灾作用。

此举得到上级充分肯定。特别是8月19日,习近平总书记亲临十八联圩生态湿地蓄洪区视察,给我们以巨大鼓舞。因为在此之前,国内外有湿地的概念,也有行蓄洪区的规建,但将二者结合起来综合考虑还没有先例,也没有这个名词。我们也是小心翼翼地向前推进这一项建设,能否得到上级认可,心中一直惴惴不安。当8月19日晚我们看到新华社发的电讯稿时,如释重负,快乐难以言表。这篇电讯稿的原文是:

> 19日下午,正在安徽考察调研的习近平总书记来到合肥市肥东县十八联圩生态湿地蓄洪区巢湖大堤罗家疃段,察看巢湖水势水情。他强调,洪水退后,要防止蓄洪区内出现水退人进的现象。我们要实现人与自然和谐相处,就不能同自然争夺发展空间。八百里巢湖要用好,更要保护好、治理好,使之成为合肥这个城市最好的名片。

这篇报道点出习近平总书记考察调研的点位,在国内首次出现了"生态湿地蓄洪区"概念。习近平总书记的讲话,为十八联圩湿地等建设一锤定音,极大地振奋了我们。

但汛后反思,当初我们在湿地的植物配建中,对乡土树种、水生植物重视不够,甚至不以为意。而正是这些乡土树种、水生植物才更持久耐淹。记得那场大水蓄洪后,圩内所有植物都没入水中,树木也只露出半个枝头。当水退之后,圩内一片凄荒。虽然以牺牲湿地换来了城市的安全，但那种牺牲的悲壮令建设者不忍直视，特别是一些非耐水植物几乎全军覆没。

然而，万幸的是，大半的芦苇挺过来了；秋后还发现滨湖大道这段乌桕居然还在变色中，浸泡水中 40 多天依然还有生命。这出人意料，令人震惊。这时我们才更加知晓乌桕生长的特性和与众不同，即它要求有较高的土壤湿度，且能耐短期积水。

这是顽强的生命之树，中流砥"树"啊！真是急风知劲草，洪水见真身！我们以前实在是太小看和怠慢它了，但它却散立水边田间，宠辱不惊，历经风雨岿然不摧，秋后依然拼尽全力点燃秋天的萧索，支撑起由秋到冬色变的过渡，让人始终感到枫红般的生命跃动。这令我们惊叹不已！

于是，灾后重建，我们特地列出两份正面清单，其中一份是树种、水生植物正面清单，简化、优化树种和水生植物配置，选择"一方水土养一方树"的乡土树种、水生植物作为主栽品种。这样，在湿地建设二、三期中，乌桕等就名正言顺地被请还乡，成为湿地的主人之一。今年，全市十大湿地基本建成。

返回途中，驱车来到南淝河入湖施口处。放眼圩内，成群鸟儿不时群飞群落。据报道，今年10月，环巢湖共出现了5种国家一级保护动物鸟类，32种国家二级保护鸟类，其中黑脸琵鹭、黄嘴白鹭、短耳鸮等都是今年首次在巢湖记录到的鸟种。截至10月底，环巢湖已记录到鸟类274种，成为有史以来记录鸟种最多的一年。

此刻，时近中午，眺望巢湖，阳光之下，波光粼粼。南淝河右岸白色航标塔处，一艘运输货轮正逆水而上。左侧是一清淤试点工程，工人们正在紧张施工。今年，南淝河和巢湖水质均已稳定在四类，巢湖综合治理取得重大历史性进展。下一步，省市县正在谋划，加快推进绿色发展工程、富民共享工程，适度发展些"湿地+"项目，让广大市民享受绿色发展的成果。有理由相信，未来，当成排的乌桕长得更大更高更好的，秋末冬初，变红了的风景一定会成为市民的网红打卡点。■

（2022年11月7日）

张山五色树　欲辨已忘言

秋冬之交的银屏山，大自然的调色板正在悄然转变。青灰是底，中间是成块成条的黄，而跳入眼帘的，则是点点、片片的红色，那是乌桕、三角槭、枫香等在欢舞。

银屏山区是当年新四军七师战斗过的地方，又是抗战时期我党领导的敌后19块根据地中最小但却最富的皖江抗日根据地。其山可藏兵以挡敌寇，其川可自足并能支持其他抗日根据地，可见银屏山之不一般。正是在这美丽的山边，有一个桃花源式的古村落，村头有一口古泉，古泉旁有五棵古树。

这个古村落就是巢湖市银屏镇张山村。11月13日上午，我们从巢湖市区驱车向东，不到20分钟即达这里。张山村位于银屏山脉岱山东山脚下，背依大秀山，南向芙蓉岭，北、西、南三面环山，唯有东面与外界相通，形似口袋。从东进村不远，便在村头看到高出周边的一片冈地，古泉池边五棵古树集聚在那儿，变幻着一年最美的风景。

有人言，乌桕、槭树、枫香是沿江"秋色三杰"。而张山村头的这五棵树正是这三种树，现在也恰是"三杰"碰头各展其彩相映成辉的高光时刻。只是我不是专业的林业工作者，顺着古泉池边绕树一周，只能辨识出两棵，一为三角枫，一为乌桕。另外三棵树没有把握叫出名字。

五棵古树环绕古泉而长。从池西路边进入，首先看到的是两棵长在一起的树。乍一看是同根，细一瞧两树在树根处即已分离，再向上便就独立生长。之所以是这个形状，可能是有一棵树长在另一棵树上了。最西边的这一棵古树 10 多米高，胸径约 50 厘米，发枝点在 6 米左右，树叶是三角形，那肯定是三角枫了。树的上部叶子泛黄，下部叶子变黑，树周落了一地叶子，有些飘到泉水口。而看似同根的另一棵树，有 8 米高左右，一位在池边洗衣服的老奶奶说那是乌桕。可是上前看，树上有果，但却不是亮晶晶的小白果，所以我又不太敢肯定是乌桕。有游客说这两棵古树是枫柏连理、骨肉相连，看来也有些可能。

从这两棵树向北，一棵大树上挂了牌子，字虽已模糊，但可分辨出"乌桕"二字。这自然是乌桕了，只是乌桕的叶子还未变红，尚是灰青色。树皮黑里泛白，整体看是条纹状，每一条条纹由一簇簇箭头式树皮组成，由于靠近水边，这略鼓出来的树皮有毛茸茸的感觉。

再顺着泉池往前走，下到池边，对面泉边上斜挺着一棵大树。这棵大树略向东斜，树干罩在整个泉水之上，似乎在护佑着这一眼泉水向东流。树有 10 多米高，树围 1 米左右，几乎看不到发枝点，主干上发了几个小枝。细瞧树叶似是枫香，树皮特别光滑油亮。

再上来按逆时针方向走到泉的东南，那儿还有一棵古树，树叶变黄了，落了一地。树根下面有凹进去的地方，还有树瘤。树皮灰黑，剥落出来的地方，可看到里面的肉红色。这棵树是几棵古树中最有沧桑感的一棵了，也许与它长在坡边迎风挡雨有关。这棵树似是乌桕又像是枫香，我拿不定主意，心里暗怪上面没有挂牌，或者挂牌以后又掉下来了。

好在离这不远处看到一块牌子，是由当地政府于2013年5月10日立的，上书："银屏张山古树群以泉为中心，四周伴生古树五棵（其中三角槭一棵，枫香一棵，乌桕三棵），树龄均为150多年，属国家三级古树保护。"

看后感觉虽然点明了树种，但并没有讲清所在位置，只有一棵树上面挂了牌子，其他几棵没有或挂牌后损毁了。这可难坏了看树人，因为这三种树都是色叶树，树变色时色调大同小异，一般人哪能分辨出？三角枫的别名叫三角槭，三片叶，好认。乌桕结的果，远看像繁星，也不难辨别。我对这泉边的五棵古树，只能用这些少得可怜的知识储备去识别了。难怪这个情况连唐朝著名诗人张继也搞混了。他曾写诗，"月落乌啼霜满天，江枫渔火对愁眠"。但有人看后说：大诗人，夜半天黑，你看错了，你把乌桕当成红枫了，应是江"柏"渔火对愁眠。

但不管怎么说，言这一古树群是"秋色三杰"相聚，倒也言之不谬。并且，那每天变幻的色彩，又那么恰到好处地糅合在一起，呈现着动态变幻的风景。这是何其壮美的大自然造化！于是，我想树名也许不太重要了，那就先不管它吧，我只要这秋末冬初的富有暖色调的张山彩色山居图。

这么一想，几棵树叠加的美景，瞬时焕然成形。站在西南朝东看，三棵树多种色彩叠加一起，如梦如幻。也许是树名的模糊反而消除了几种树的异同感，更感觉这景象就是一个天然的浑然一体的色盘，是一幅年年相约而来、从天而降的树彩画。大自然这样的鬼斧神工，真是神来之笔，可睹可触，甚至秀色可餐。既像是一幅层次分明色彩绚丽的油画，也恰如中国传统的青绿山水画。我用手机拍了几次，但总感觉未拍到它的神韵。我真想将这神来之画从这方神山圣水中剪裁下来，放在心中带回家去。

古树有灵气，灵在泉水边。这五棵

古树环绕泉水而生，树龄相仿。泉水常年汩汩而出，今年虽特大干旱，至今也未干涸。古泉村民称其为"泉仓"，意为百泉归仓之意，很有气魄，也说明水流充沛。一位村民告诉我，不是大旱年份泉水口的水会"鼓"起来，三台水泵也打不干。

古泉呈半椭圆形，坐西朝东，靠西南头是泉眼，为椭圆形的头部。在池口不远处，泉水与从山中流出的一条小溪汇合，形成三角地带，向东北潺潺流向远方。为了科学、卫生、有效地利用泉水，村民们在泉水口附近筑了一个月牙形小水泥坝，保障口内水干净，专供人们饮用。泉水往下流，口外先供人洗衣淘米，再一路流入田地浇灌庄稼。泉水常年温度在18摄氏度左右，据说富含很多矿物质，对人身体有益，附近村庄的老百姓虽都用上了自来水，但很多人还是来此取水。时近中午，邻村一位中年人开着一辆三轮车，提着几个大矿泉水桶来取水。他说，泉水养人，不像自来水里面有漂白粉。

丰富的地下水不仅养育了周边百姓，还成就了泉边这五棵古树。而这五棵古树又深深扎根于大地，将这泉口、泉池紧紧护卫着。真可谓相得益彰，完美和谐。

在这古泉、古村南边，背靠大山，顺着一条县乡道路往前走，就是张山村了。中国人的村庄建设历来讲究风水，张山村也不例外，特别是注意围绕古树、古泉生境造景。据了解，张山的先祖选中这个地方安居，已有 200 多年历史，而这五棵古树只有一百五六十年树龄，可见这是张山的先人们种植的，并且一直保护完好。这是一个好传统，至今仍在延续着。

不仅如此，张山村的祠堂也保存完好。祠堂在这东南方几百米远处。张氏宗祠建于清嘉庆九年，坐东朝西，三进五开间，内有两天井。祠堂的地基和墙壁是用石头垒起来的，历经 200 年而不倒。后来因在这儿办小学，祠堂摆脱了被拆的命运，现在似乎成了文物，至今村民还在此举办一些活动。只是村庄的老房都已换新，除了一两处倒墙磕壁的，大都看不出原先的样子。听乡亲们讲昔日的模样，感叹甚是可惜。不过能有一个祠堂完整保存下来，在这村前村后，与那古泉、古树交相辉映，也十分难得。

张山村不仅有古树，而且其他树也不少，特别是柿树特别多，几乎家家户户门口院里都有几棵。树叶尽落，柿子红红点点，有的甚至可用密密麻麻来形容，看了直呼"太多了"。驱车返回，看到一些柿子就长在路边，仿佛手一伸就可摘到。这飞驰而过的跃动的生命，是对"我言秋日胜春朝"的金秋的礼赞。■

（2022 年 11 月 16 日）

看不见的就是最好的保护

　　小雪（11月22日）刚过，寒潮就要来临，天气预报说明后天要下雪了。下午，我们去肥东长临河吴尚楼村看古树。路上只见乌云集聚，天气昏暗，山峦间一周前能远看到的红点、红彩带似乎都暗淡下来——冬天真的要来了。

　　肥东长临河，东倚白马山、小黄山，南朝浩瀚的巢湖，由环湖大道、长（临河）黄（麓）路交汇形成的钝角三角形丘岗上，集聚着众多历史文化底蕴深厚的村庄，经过这些年的建设，可谓村村美好、处处是景。我们今天是冲着吴尚楼村的三角槭而来的，想去看这秋暮冬初最后一抹红色的风景。

　　三角槭，别名三角枫，秋叶呈暗红色或橙色，历来是秋末冬初大自然调色板的主色调。"枫叶荻花秋瑟瑟"，"赤叶枫林百舌鸣"。这是何等美丽的秋景！

　　可惜，我们来迟了一周。在村口巧遇原生产队老队长吴养志，他告诉我们说：树叶落了。要看红叶，那要等明年了。老人家今年75岁，见我们是来探树的，便热情地说：不过也是可以看看的，我带你们去。听罢，我们不禁露出一丝失望。孰知走进林里，却收获了一份惊奇。

　　在老人家的带领下，我们来到村东南一块林地。吴尚楼村不大，只有30来户，但临山近湖，位置佳、环境好。村东头是门口山，向西北3千米处是巢湖。村东南这一块林地一直是公共用地，有好几十亩，东西两头是树林和竹林，中间有30多米长10多米宽的通道，散长着几棵古树。而我们今天要探寻的三角槭就长在这片林地的正中。

　　我们急切地从林的西北方向走进古树群，径直走到这棵古树下。只见这棵高大的树上，只有树头上飘着几丛树叶，想象中的红叶覆树早已不见踪影。一阵风吹来，落下几片叶子。我上前捡了两个，小心翼翼地夹在笔记本中。这两片叶子都是火炬式的三角形，一片通体黄紫、两角焦红，一片通体紫青；树梗右斜，像是被风折弯。

遗憾之余，退后看这棵树，感觉如"落毛的凤凰"一般。这是一棵上百年的古树，但实际健康状况看似壮年。树高 10 多米，树的直径 50 厘米左右，发枝点在 2.5 米左右。东枝直挺，西枝北翘再一分为三，因而整个树的重心向西北倾斜，好在西北处有密林，看似是天然的遮撑。古树四周砌了大半人高的圆形砖石围墙，将古树团团围住。老人介绍，三角槭树皮净光，树心发红，有纹路，当年是做家具的上等材料。

不仅如此，老人指点着说，这里还有五棵百年古树。原来，在这片林地里，在这三角槭附近，还有一棵略小的三角槭、三棵健壮的杜梨。特别是路口三棵杜梨长势好，也是壮年态，其中中间一棵长得特别壮硕，树高在 6 米左右，树的直径在 0.5 米左右，树上有多处截枝点，那是生命力过剩的反证。树皮像鱼鳞，树间还长了一个很大的树瘤。我对老人说，看到这棵树就想爬上去玩。老人笑着说：是的，我们小时候经常上去玩，摘果子。

"这果子好吃吗？"我好奇地问，"一年能结多少斤？"老人说："还在结，一年能结 20 斤左右，不过现在没人摘了，都给鸟吃了。"

在这棵古树的斜对面，另一棵杜梨长得更高，约 15 米，向上的分枝犹如千手观音般壮观。杜梨别称棠梨、土梨、海棠泥等，春季繁花满树，秋叶变为古铜色至红色。"秋染棠梨叶半红"，"叶叶棠梨战野风"。我寻思，当这片林中杜梨、三角槭树叶未落时，6 棵古树一定进行变色大赛了，这片林也一定是红遍丘岗。

面对这一神奇的全市少有的古树群，我们越看越兴奋，老人似乎找到了知音，也像是在推介他的得意之作，兴致越来越高。老人说："走，这林外村边还有一棵古树。我领你们去看。"

原来，在这片林道之北，类似还有一个林道，那儿矗立着一棵槐树，也是上百

年的保护古树，9米左右高，2米高的发枝点上有六七个分枝，很是细密，树叶虽落，但可想象出夏日在浓荫下乘凉是何等的惬意。

我赞叹一般村里难有如此多的古树。老人反问说：这还算多？过去更多呢，这一片林子里，原先有大树几十棵，都是自然生的。现在留下的哪能与以前比，简直挂不上号。过去的树，那才叫参天大树啊。可惜以前人们不知贵贱，糟蹋了不少。前些年又有人来要买，被我和村里人制止了。平时早早晚晚，我们就到林子走一走，也算是义务看树了。

说到这儿，老人很动情："古树要珍惜呀！多少年后老人不在了，树还在。外出的人回家，看到树就能看到村庄，想到老人，想到小时候爬树玩耍的光景。为什么要把树毁掉？"

老人的话引起了我们的共鸣。树是有生命之物，又是情感的寄托。林中流连，很自然地想起《项脊轩志》文末名句："庭有枇杷树，吾妻死之年所手植也，今已亭亭如盖矣。"这是我们十分熟悉的人、树、情的真实场景和生动写照。此时，又猛然间想到一个过世多年的同学是这个地方的，便向老人打听。老人说："你这个同学我知道，邻村的，人很善良，原先学校就在这附近，小时候上学就从这经过。"原来如此，真是太巧！然而，这又验了一句诗："或有故人心上过，回首山河已是冬。"

老人看我们对古树如此有兴趣，对古树保护这样看重，越谈越投机。交谈中，他有些神秘兮兮地说，林下靠塘边还有一棵古树，未挂牌，长得更好，比这几棵还粗还好看。我问，叫什么树？老人含混地说，叫九连树。再问，回答记不住了。问为什么不挂牌？他说，主要是周边树很密，长了刺，人不进去。还有，不挂牌不让人知道也好，让它自己静静地长吧。

老人的话真有些意味深长。他带我们从原路返回，走到村子的东北头，向南看是干涸的水塘和茂密的树林。老人说，这棵树就在这口塘的外沿与丘岗地之间，那儿树林茂密，人进不去，我也不带人进去看，所以就不挂牌了。我用手机拍了一个模糊的树影，感觉不打扰更好，这或许是保护古树的一个智慧之法了。

也许是初冬一丝萧条凋敝的环境使然，也许是老人一番话激起我对故人的追思，我不禁产生了某种不可名状的伤秋喟叹。正在这时，从吴尚楼返回走到环湖大道上，一片红叶石楠吸引了我们的目光。这是一块苗圃，看上去树苗栽下去没几年，只有一人高，但树叶依然是素红的。这应是今年最后一抹红色了。此时乌云低速翻滚，天空变得亮堂起来，周边掩映在山丘林中的村庄很是显眼，于是这初冬的色彩便有了一些灵动和缤纷，我们的心情也随之开朗、快乐起来。

绘画大师吴冠中在《秋色》中写道：秋色美的组成条件，至少有色、形与情三个方面。秋色迷人，主要由于色彩的斑斓；由于树叶飘散，干枝逐渐显露，像脱去棉衣，显出了形体之美，故宋人画寒林秋思，其形象主体是寒林；更重要的是情，入山秋游的人们，往往喜欢摘来一枝猩红的霜叶，在这一叶中表现强劲的秋色，当绝不同于"一叶知秋"的哀愁。确实如此，大自然的四季变化是自然规律，每天都很精彩；树木的生长不违时节，同样每天每季都在变幻不同的风景。伤秋自当不必，秋风落叶、花开花落，心中留有那一点红色就是温暖的港湾；更何况，冬天来了，春天还会远吗？四季转换的风景正在逐幕拉开，那我们就好好守护、静心欣赏吧！ ■

（2022年11月27日）

周大屋的『清奇』圆柏

古树名木之四十三

　　庐江乐桥周大屋村有一棵圆柏树，据专家考证树龄已达 608 年。那是大自然绿的奇迹，也是一个大家族血脉相传的所依所靠……

　　庐江、枞阳、桐城三县交界处有一岱鳌山，山体长约 15 千米、宽度约 1 千米，宛如一头鳌龙，突兀游弋在皖中大地。岱鳌山峰峰相连，共有 12 座山峰，最高峰龙王顶海拔 270 米。这里揽灵峰奇石、山色林海于一体，而周大屋就在岱鳌山的东侧。岱鳌山风光很美，淮军名将吴长庆之子吴保初曾赞曰："常恐好诗人不识，诗心山色共争奇。谁知路绝云深处，犹有好山诗不知。"多年来岱鳌山"养在深闺人未识"，周大屋有历史传说，有神奇的古树，有美好乡村，但同样是世人知之甚少，我也是在 12 月 3 日才第一次走进这个美丽的小山村。

　　周大屋背靠牛头山、罗山、平顶山，村庄房屋呈东西向 U 字形布列，中间是一口清水塘。山上淌下的清水汇聚其中，再浇灌塘下的良田。这是皖中丘陵山区一个典型的古村落，只是古宅鲜见，但有几棵古树犹存，而那棵圆柏就长在塘的西北处。

　　这是一树成景、颇有高贵气质的古树。古树前方是清水塘，旁边有一口古井，后面是民居。为了保护古树，在古树四周做了半径 3 米的环形围栏。

站在围栏之外抬头看树，只见古树几乎笔直向上，直插云霄，坚毅繁茂，高近20米。与一般树不同的是，这棵树几乎没有明显的发枝点，而是枝条有规则地插入主干；每一枝条又那么有柔性，恰似粗的钢筋曲曲绕绕。树皮深灰泛白，全树从上到下是长条片形条纹，纹路细密，纹路之间的纵裂犹如用刀从上到下刮的一样，也犹如细雨流淌的痕迹。树叶青绿，略有一点干涩，捧起一根伸到护栏外的树枝，只见树叶很细密，还有些戳手，上面结了一些圆形小果。树根1.5米以下刷白，露出的两条不同颜色的斜长纹，那是治理白蚁孔洞的结果。端详这棵树感觉就是有些不同寻常，它似乎有一种独特的风姿，给人以庄重肃穆之感。

圆柏，是柏科、圆柏属植物，古称桧。公元之前，中国古籍便有栽培、利用其的记载。圆柏有多种用途，既可药用也可材用，在庭园中用途极广。相传汉代司徒邓禹手植四棵圆柏，至今仍古拙别致，乾隆皇帝南巡时赐这四棵圆柏名为清、奇、古、怪。对照这四幅"标准像"，不难发现周大屋这棵圆柏是典型的"清柏"：

一株挺直，茂如翠盖；树龄600多年，却无丝毫衰败之态；树干粗大，要数人方能合抱；树身挺拔，立地擎天，不用旁枝扶持，像独立的仙鹤；树纹似一条条直线，向上伸展。

圆柏寿命极长，中国古来都配置于庙宇陵墓。因此，很有意思的是，凡是有圆柏的地方，背后一定有不同寻常的历史和故事。果真，这棵树与周瑜挂上了钩。

附近的老乡说，这棵圆柏树三人抱不过来。实际树围 3.08 米，大体差不多。但树龄是多少，说法不一。树边立的两块牌子，各说各话，很有意思。

一块是安徽省绿化办、合肥市绿化办 2019 年 9 月立的小记。上书："此地聚居周姓村民，乃周瑜后裔一支。东汉建安十五年（210 年），公谨卒巴丘葬故里。为存血脉，遣一子回乡生息。为纪念先祖，于此选址建祠，并栽种柏树，以表万世长青之意。"如此，则此树已有 1800 多年。但小记笔锋一转，又有一传说：某日"一道巨闪从天而降……古柏拦腰折断，从尖塔形变成芭蕉扇形，从此恢复常态，葱裕自然"。由此说来，此树的生长史有两种可能：一是千年古树，一是古树雷击后新生，但小记未给出明确答案。

倒是安徽省人民政府 2014 年 7 月立的"安徽一级古树"牌，给出了树龄 600 年的明确答案。此树并被列为全省 0003 号古树。看罢两处解释，再端详这棵正是壮年期的古树，对照有关圆柏的解释，我感到此牌上的说明是可信的。

不过，古树边的古井依在，虽然现在已不用了，但井边新建了一座"周"字亭；并且，前些年周氏族谱在这儿被发现。这些也都从各个方面印证了古树与周瑜有关联，而且古树确实很"古"。一位老乡介绍说，树的后面原先是祠堂，后来毁了，现在原址建的是民房；离这儿不远，向东便是柯坦的城池，那是传说中"周瑜城"的所在地。他很自豪地说，我们村里姓周的都是周瑜后代。

庐江号称"周瑜故里"，周瑜的印记散落在很多地方。前些年庐江与舒城为"周瑜故里"的归属争论，现在看来其实都有依据，争论也没什么必要。因为历史上庐江、舒城同属庐江郡，而庐江郡下面有 12 个县，在这块土地上发生的事情，不可能像现在这样县域界限分明而明确区分。共用一个品牌，共同挖掘、弘扬周瑜文化中的精华，应是正确的选择。

周大屋是中心村，是美好乡村的建设点。所谓中心村就是人口相对较多，相对集聚的村。在村里走一圈，感觉这里生态本底好，村庄原始风貌保留好，环境整治好。不过，令人有点遗憾的是，这么美丽而宁静的上百人的村庄，除了一些老人外，几乎看不见年轻人了。

不过，一位老人告诉我，镇里准备收储农房，然后集中改造搞民宿。这是一个好主意。有如此美好的环境，有如此神奇的古树（村里还有另外两棵古树），怎会没人来？伴随着农业强国和农村现代化、乡村振兴的铿锵锣鼓，也许这棵圆柏跨越 600 多年的等待，就是为了这一天。■

（2022 年 12 月 4 日）

合肥第一古树

　　合肥最古老的树是巢湖市苏湾镇东黄村的银杏树，专家据坠落的树枝剖面年轮估算树龄已 800 多年。因此，对于这棵省一级保护古树，2021 年合肥市林园局的"古树名木"微信小程序登记为："全市树龄最老的树，距今 808 年。"然而，离此不远的坊集社区天台禅寺内有一棵古银杏，却称 1100 年。究竟谁为大？

　　11 月 6 日，立冬前的一天下午，带着疑问，我去探寻这两棵古树。当然更多的是，踏着季节的步伐，去找寻秋冬之际那满树披戴"黄金甲"的风姿。

　　苏湾地处江淮分水岭东端余脉，滁河擦镇而过，内有小黄山等，是巢湖市、全椒县、含山县三县市交界处，历史上虽易旱易涝，但因为有山有水，倒也绿色葱茏，山清水秀。近些年更因其境内有四棵古银杏树而闻名于合肥，特别是经专家认定的合肥树龄最长的古树生长其间，不禁使人对这方大自然的造化而赞叹不已。

　　滁河发源于肥东梁园，经栏杆、苏湾东下而过全椒，直至长江。滁河中下游两岸多是冲积圩田，"一条大河波浪宽，风吹稻花香两岸"。但滁河夏季发水时非常凶猛，对两岸冲击很大，滁河右岸的红光圩就饱受滁河过水之苦。2020

年 7 月，这儿被洪水淹了好几天。当然，洪水来得快去得也快。汛前汛后我来过这里，看到这里原本是一马平川的大粮田，不承想在这红光圩竟然还生长着合肥树龄最长的古树。难道它不怕水淹？

车行 G312 国道，至坊集社区，向左拐不远，就进入红光圩，10 多分钟就到了东黄行政村。在广福寺新村北侧，一眼就看到这棵古银杏。

新村地处圩中，地势很平坦，大水过来自然不能幸免，2020 年夏天那场大水，一楼各家都上了水。但就在新村的北面，银杏树却逃过水灾。原来，树下是一冈坡，地势明显高于周边好几米。仔细看，这地势似是天成而非堆砌。

据史料记载，这儿原先有一座寺庙，叫广佛寺，建于南朝梁武帝时期，后毁于清末太平军火。万幸的是，古银杏劫后重生。相信当年建庙找的就是一块冈地，附近的村庄因此也叫广福寺村。而银杏树应是在寺庙建成后的某一年栽下的。"南朝四百八十寺，多少楼台烟雨中。"南朝梁武帝距今已 1470 多年，故又有人说这棵古银树的树龄也许更长。

站在新村北边，顺着小坡向前走，远看古树像一个旋飞的大火炬。虽已初冬，树叶浓密，青绿中泛着几分紫黄，但远未到金黄之时。只是枝头两个大树枝光白发亮，树叶都掉了。走近前，小心翼翼地拉开围隔之门，一下子便跨到了古树之下。绕场几周，徘徊流连，不禁心生感慨：合肥最古老的树，就是她了！何也？

从下往上看，古树生机勃勃。来时查资料，知此树已是"衰弱株"。但站在树下，抬头向上，满是绿色，并且由于树高 20 米左右，目光所及，从上到下满是绿色的枝叶，原先远看到的那两棵枯枝也被遮掩了。由此说来，何来衰弱？更奇的是，周边发了三棵树中树，有两棵看样子就是银杏树，也许是银杏果掉落在古树上发出来的，也许是新发的树；有一棵又不大像银杏树，似是别的树种落在这儿长出来的。这母子树、丛中树是生命力旺盛的象征。

古树上长满了树乳。银杏树为一目一科一属一种，是我国最古老稀有的树种之一。银杏树的树乳是银杏树长寿的象征，民间有谚曰，"不过千年不垂乳"。这棵树的周身挂了不少树乳，有的如妇乳，有的如悬钟。东南方向的一个树乳倒悬着，像要掉下来一样。东北方的一个树乳长长地垂下来，长约 90 厘米，宽约 20 厘米，像是贴挂在树上。这种树干与树乳交融的奇景，也许只会发生在古银杏树上了。树乳是个宝，可作为盆景制作的材料，难怪听说外地有人将树乳割下来加工牟取暴利。只是这儿的古树保护得很好，树乳看上去一直都挂在树上，与古树浑然一体相得益彰。

古树高约 20 米，退后细数有七大枝。整个树身向南略倾，在五六米处发枝，一干枝向南突进，一干枝向西铺展。其中向南间杂的一小枝已叶落干出，那是枯死的缘故；北边一个小枝已有断痕，那是风吹的结果；向东还有一个分枝，顽强迎风挺立。站在树的正西，只见这硕大的树枝上缠着浓密的树叶，犹如大半个绿锅覆在头顶，似有无形的力量喷薄欲下。站在树的正南，从远处看，由于长年受东北风的影响，整棵树的树干被吹成一个旋状的火炬形。走近树身，抚摸树干，古树树皮看上去如太行峭壁。贴近看见树叶细密，呈叶扇形，先端浅裂，一如人们所说，"形如鸭脚"。一位老乡告诉我，今年大旱，银杏叶子却比往年多；银杏叶子一般霜降一周后就变黄，今年天气特殊，明天就是立冬了，但是树叶仍然是青色，只有少数变成青紫色，要看金黄色的银杏叶，可能还要等一周时间。

古树是雌树，至今仍结果，地上就掉了不少白色的果子，看起来比同类型树的要大。一会儿，一位大姐来此捡果。一位老大爷告诉我，这几年古树一年还能结百把斤果，他爱人有慢性病，每年都捡一些带回去，一次放几粒炖汤，"银杏果含蛋白质高，有营养"。不过，老人说，银杏皮有毒，要浸泡除掉，一次也不能吃多。生产队时期，银杏落果时，树下一层稻草，上面一层银杏果，社员纷纷捡回家，但吃多了，会头昏。

最有特点和最能说明古树树龄之长的是——她壮啊！粗壮如圆柱体，粗壮如一座笔筒山。古树胸围4.6米，冠幅平均9.8米，东西9.5米，南北10.1米。古树粗壮，三人肯定抱不过来，并且上下一般粗，从地平线一直到树身3米处几乎都一样粗，再向上5米左右才发枝。这种粗壮与敦实，至今少见。这种粗壮与敦厚，要多少年才能长成？这种粗壮，根基又是何等牢靠？因而，在这东北风口，枝条可能被刮断，但古树的根基和主干狂风却奈何不得，历经千百年而岿然不动。今天有风，风吹树叶沙沙响，但在树下流连，丝毫感觉不到树的晃动——也许正是这粗壮和磅礴的生命力，佐证了她那令人信服的独占鳌头的古树树龄。

古树历经磨难，但令人欣慰的是，村里的老百姓一直对古树倍加呵护。2012年一场暴风雨后，一侧枝丫断裂。专家提出村民所建房屋紧邻树枝，严重影响树木正常生长，建议拆迁房屋，为古树让出空间。对此，26户村民一致赞成，整体搬迁至距银杏树30米开外的地方。

800多年来，古树躲过了战争，躲过了天灾，躲过了历史动荡，也躲过了人们善意的过火的尊重和膜拜。去年春节，一位妇女来此进香，余烬复燃，惊动了四乡八邻的群众，"古树几百年没死，不能死在我们手里"，众人齐心灭火，古树又一次度劫！难怪，树下有一小洞，细看古树至今未空心，但手摸进去，竟然被染黑。想象当时的情景，真是心有余悸！

抚摸、拍打着粗壮的古树，凝望、欣赏着古树的枝叶繁茂，惜望古树枝头那两根虽死但不舍离去的枯枝，意外丰收般捡起地下的白果，我确信她就是专家认定的合肥树龄最古老的树了。只是那个号称1100年的银杏树又如何呢？

从这儿驱车向南不到20多分钟，在一个叫天台禅寺前便看到这棵银杏树。这棵银杏树确实名不虚传，特别是树形树冠很美。但看不到树头上的枯枝，也未看到什么树乳，显然它经受的风雨还不够，呈现的是年轻态。看完后，我更相信专家的意见和"古树名木"小程序的认定。只是这一棵树的铭牌上写着1100年的历史，似应重新论证。

当然，对广大市民来说，树龄并不是最重要的，可能更喜欢的是"碧云天，黄叶地，秋色连波"的叶色金黄美景。你瞧，在这棵银杏树下，就有不少人来此赏叶拍照。令人感到诧异的是，这棵银杏树的叶子已半黄，比东黄村的那棵银杏树要黄许多。此时，一阵风吹来，树叶纷纷落下，铺满了大地，落日余晖下，古银杏树、寺庙、穿红衣的自拍女孩等构成了一幅绝佳的风景画。

令人称奇的是，苏湾还有几棵古银杏树。一棵在老黄山中学，树龄有400多年，属省二级保护古树；一棵在山里许，也是400多年的省二级保护古树。本来都想去探寻，可惜初冬日子短，眼看天要黑了，只得作罢。这美丽的风景，留待来年去观赏了。■

（2023年元月3日）

最是百年树期待

　　大蜀山，合肥市区唯一的一座山，全山面积13000亩，海拔284米。站在山顶，向东远望，是一条笔直的黄山路，中国科学技术大学、国防科技大学、合肥工业大学、安徽大学等沿路分布，主城区高楼林立；向西南方远望，高新区、经开区、蜀山区的城市建设、园区开发正拔节生长；向北远眺，是董铺水库和江淮分水岭大片岗地，那是合肥的水源地和"绿肺"。

　　大蜀山环山皆树，林木茂密。大蜀山是形成于中生代白垩纪时期（约1.4亿年前）的一座火山，3600万年前突然喷发，岩浆从山顶一路淌下，冷却后形成固体岩石，像一条瀑布从山顶泻下，形成了今天的大蜀山。地动山摇万籁俱静后，万物开始生长。据此类推，大蜀山不仅树茂林密，而且应古木参天。事实正是如此。据《续庐州府志》记载：蜀山"春山艳冶如笑，夏山苍翠欲滴，秋山明净如故，冬山惨淡如卧，惟其卧也，故雪霁神开，跃然有起色矣"。"蜀山雪霁"被列为"古庐州八景"之一。可是，令人震惊和无比痛惜的是，大蜀山至今竟没有一棵上百年的古树。原来这是万恶的侵华日军犯下的又一滔天罪行。

　　据史料记载，1938年5月14日，合肥沦陷。为了长期占据合肥这个战略要点，日本人强占大蜀山。在此过程中，国共两党精诚合作，我方多次给日军以沉痛打击，大蜀山也几易其手。日军盘踞大蜀山后，为了清除视线影响，防范我方进攻，占据这个方圆百里唯一的制高点，竟然丧心病狂地火烧了大蜀山的森林和建筑。由此，大蜀山退化成了一座"风吹石头跑"的荒山秃顶，成了"刮蛋岗""红毛冲"。原有的古树名木，自然也随之灰飞烟灭了。

　　新中国成立后，百废待兴，党领导人民开始了新的建设，大蜀山的绿化从那时起开始掀起一轮轮热潮。大蜀山终于迎来了新生。在此过程中，涌现了一大批造林模范，其中李世文的事迹感人至深。为了表彰他的功绩，2005年3月，在市政府的大力支持下，在社会各界的参与下，李世文铜像正式塑立在大蜀山脚下。

然而，大蜀山虽然绿了，但大树却难以一天长成。从新中国成立至今70多年时间，大蜀山现在能称得上大树的，树龄多在六七十年，并且为数不多。大蜀山国家森林公园的同志给我提供了一个重点保护树种的名目：

河柳，高度15米，树冠8米，胸径79厘米，树龄60年，位置：南湖公园。

悬铃木，高度20米，树冠20米，胸径86厘米，树龄80年，位置：环山北路。

槐树，高度14米，树冠12米，胸径57厘米，树龄60年，位置：环山西路。

麻栎，高度20米，树冠15米，胸径86厘米，树龄80年，位置：环山路。

桑树，高度18米，树冠10米，胸径48厘米，树龄50年，位置：环山路。

朴树，高度20米，树冠15米，胸径134厘米，树龄60年，位置：山顶电视发射塔台旁。

枫杨，高度20米，树冠19米，胸径69厘米，树龄60年，位置：管理处围墙西侧。

……

数来数去，只有12棵。这就是大蜀山大树的全部，看罢令人唏嘘不已。

那么，这些大树保护得如何了？元旦后的一个上午，我去大蜀山进行了探访。

大蜀山环山周长7.75公里左右，除了山的本体外，环山还规划建设了名人园、南湖公园等，2007年进行了西扩。

在大蜀山北门东北方，环山路与玉兰大道、长江西路围合处，有一名人园。园内在册的两棵大树是一棵旱柳和一棵意杨。

旱柳是杨柳科植物，喜阳光而耐寒冷干旱，根系发达，抗风能力强，柳条柔软，树冠丰满。顾名思义，与水柳的区别是其更耐旱，并且叶子更小。这棵旱柳高约18米，树冠18米，胸径64厘米，树龄80年；一树双干，苍老有劲，树冠如伞，树形优美，标识牌上称其为"大蜀山孤植树中的典范"。由南向北看，整个树身向西倾斜，于是在西斜处打了两个大的支撑。旱柳生长环境好，长得也好，据介绍，也没有什么病虫害发生。

意杨，是当地的乡土树种。这棵意杨又叫"响叶杨"，一刮风便沙沙响。高约22米，树冠22米，胸径127厘米，树龄90年；一干两枝，从地表到根部1.2米处为一干，1.2米以上才分干生长。意杨的优缺点十分明显，为了解决飞絮扰民问题，这几年合肥对主干道上的杨树采取了截干的办法，收到了只要树荫优点不要

飞絮缺点的效果。因为这儿的杨树不多，对人的负面影响不大，特别是从保护大树的角度考虑，公园管理处未对杨树进行截干。因而，杨树保护得很好。虽是冬季，但看上去仍富有生机。受顺山而下的流水冲击影响，面塘方向的意杨根须突起，但与大地紧紧粘在一起；树叶虽落，但树筋暴起，似乎正在积攒能量，等待来年春暖花开时的绿放。

大蜀山脚下东侧南端有一个蜀峰湾南湖，前几年进行了整修，获得原建设部颁发的"中国人居环境范例奖"。获奖的主要原因是：污水治理好，水系沟通好；树木保护好，最大程度保留了原状。特别是一棵旱柳成了这里的标志，分外招人喜欢，公园南部就围绕其设计。

这棵旱柳高约23米，树冠18米，胸径1.43米，树龄90年；一树多干，共有3组7枝，苍老遒劲，树冠如伞，树形优美，看上去分外壮观。据了解，原先这里是苗圃，这棵旱柳应是新中国成立初期大绿化时留下的。以这棵树为中心，做了一个半弧形坐南朝北小草坪广场，旱柳位于半弧线的中心，正北方半弧的直线中放了一个躺椅。跨过路，再向前是一个大的草坪。坐在这儿看风景，蓝天、白云、碧水、绿树，闹中取静，好不惬意！闲暇时，我就多次来这里散步。

大蜀山的山腰有一盘山路。从东大门向上与盘山路交汇处有一二平台，由此再往上可直达山顶。就在这二平台处，竟然有一片上百棵的紫藤，这是当年绿化时从紫蓬山引种过来的。

其中一棵胸径 32 厘米，树龄 80 年。这棵紫藤奇的是一藤缠三树。它的根离二平台不远，根部和藤干出现半圆形的空朽，像是一根烂了半边的钢管，令人担忧。但细看后感觉是杞人忧天了，因为紫藤的生命力极强，柔弱的紫藤似乎更懂得借力生存的道理，它将自己的长藤，蛇一般一而再、再而三地攀甩到山下的三棵树上，生命的重心又犹如钢丝般紧扣在被缠的树上。从树根到攀附的第三棵树，长度竟达 30 米左右。从二平台走下十几个台阶，来到紫藤所攀附的朴树下，回头向上望，这紫藤犹如一条龙蛇游动在树间，极富动感；又犹如一条钢缆，从山下一直甩挂到山上。

紫藤是豆科、紫藤属植物。落叶藤本。茎左旋。花期为 4 月中旬至 5 月上旬。

紫藤花不仅耐赏，而且可提炼芳香油。紫藤皮则有杀虫、止痛、祛风通络等作用，也可食用。简直全身都是宝了。

紫藤被人喜称为"树上垂下的花帘"。李白有诗赞云："紫藤挂云木，花蔓宜阳春。密叶隐歌鸟，香风留美人。"当代作家宗璞盛赞："只见一片辉煌的淡紫色，像一条瀑布，从空中垂下，不见其发端，也不见其终极，只是深深浅浅的紫，仿佛在流动，在欢笑，在不停地生长。"这是多么美丽的风景，可惜现在正值隆冬，只能看到紫藤的藤蔓，我和友人约定，今年春天一定要来看她飞天的姿彩。

大蜀山以西的这片林地，是2007年3月开始建设的大蜀山西扩公园。十五六年前，这儿整出4000多亩地，准备搞开发。时任的市主要领导知晓后，力排众议，从长计议，果断决定将这些地全部作为绿化用地，并组织市直机关带头认建认养。十五六年过去，现在这一片地已绿树成荫。大蜀山由于西扩，不仅增添4000多亩林地，而且环山连为一体，真正形成"环山皆绿也"的格局。就在这西扩公园，建有一月季园，内有一棵日本早樱。

这棵樱花，高8米，树冠9米，胸径42厘米，树龄60年，为日本久留米市所赠。中日邦交特别是改革开放后，中日交流得到加强，合肥与久留米市建立了友好城市的关系。20世纪80年代末，久留米市赠给合肥300棵早樱，被种植在大蜀山脚下樱花园。2010年，呼应西扩公园建设，将樱花园中的一棵移植到这里的月季园。

据介绍，日本早樱怕涝喜光，因此在这棵早樱下面培了两尺左右的厚土；周边也未栽种其他树木。现在早樱已打苞，上前想数一数有多少个，但怎么也数不过来。

樱花是日本的国花，这些年我国也大量引种，深受人们的喜爱。本来，树木、花草并不具有政治属性，但在我看来，这棵早樱却似乎具有多重意义。85年前，大蜀山森林植被毁于敌手，现如今我们重绿了大蜀山。这远道而来的早樱固然是新时期中日友好的象征，同时它也提醒我们和友人，不能忘了那一段山河沦陷史、那一场森林劫难史。

林园部门确定的古树标准是上百年。大蜀山这12棵大树，树龄最长的也只有90年，离古树的标准还差10年。当然，这10年会很快到来。有了这百年的古树，会进一步印证我们的造林成绩，同时也在心底烙下国耻山仇的年轮，激励着我们更加发愤图强。

在我写这篇小文时传了一个好消息：大蜀山即将迎来新一轮提升改造。相信，大蜀山会越来越美，越来越好！ ■

（2023年元月9日）

车流"船"中的麻栎树

1月22日，大年初二上午，乌云低垂，天气预报寒潮来临。由南向北驱车来到长丰北城淮南北路与濛河路交口，远远看到左侧一颗硕大的古树，四周被围成"船"样的围栏，固定在川流不息的"河流"中，而那"河流"正是飞驰而过的车流。此时，上午10点多，白云低垂、缓缓飘移，空中似绘了一片铅灰色，间有几滴小雨落在发梢。

这棵被保护在车流中不移、不倒的古树是麻栎树，它的留下，堪称古树保护的传奇和经典案例。

据林园部门同志介绍，2010年4月，长丰要规划修建淮南北路。这是北城主干道，线型是双向八车道，一路向北，几乎笔直。这很符合当时的大建设理念。但规划到此处时，遇到了一棵已在这里挺立105年的麻栎树。

修路要动树，当地老百姓不同意了，特别是一蒯姓人家更是强烈反对。理由很充分——这儿原来是长丰双墩镇尹岗村，有一支蒯氏族人多年前来到这里安生，这棵树是他们先祖于光绪年间种下的，至今已有100多年，成为当地的标志树；并且，因为麻栎果可做"树豆腐"，饥荒年时还能济一时之急，救过人的命，因此，被十分珍视。蒯氏后人说，现在搞大建设，我们全力支持。房子可以拆，但这棵树不能动。周边老百姓也都不答应。

群众态度很明确，修路一事陷入僵局。怎么办？万幸的是，当时的领导和有关部门听取、采纳了群众的意见，采取了折中的办法：路要修，树要保。为此，对建设方案进行了修改。

具体方案就是，为给古树让路，淮南北路在古麻栎树所在的这一段，道路宽度不变，但单个四个快车道变为三个，古麻栎树"独占"一条快车道。以古树为中心，绿化带被设计成了一个东西两头尖、南北两头长的"船形"保护围格，古树独占其中。而且这个设计充分考虑了南北两头车流的驶入与驶出，体现了安全导入、

快速驶出的原则。同时，设计增加安全标线，交通安全系数未受影响。

这是一个怎样的充满智慧的"船形"保护方案啊！当我今天站在这"船"头，凝望着岿然不动的古树，感受风驰电掣般的车流，既十分钦佩当年领导者的从谏如流，也为规划设计者的匠心独具而叫好！

此刻，我站在南头向北望去，这个"树船"正悄悄挺立于滚滚车流中。而"船头"就在我的正前方，略向东斜。

向正北方向望，树院（指为围格形成的树的院墙，姑且称之）东距主路中心 8 米左右，东墙是一条长约 66 米的直线，与东邻的车道平行，只是快至濠河路时，又向西弯了一点，线型略变成弧线，交口处成了半角，主要是出于方便通车和安全考虑。

向西北方向望，树院最西处先是一斜线划过路中，那是为了导让北面而来的车流，再直线向北，快至濠河路时，又稍斜与从东而来的线汇合。树院西墙留出辅道 14.4 米。至此，形成了一个全新的保护树院。

这个院墙看起来就是一个两头尖、南北向、头偏东、中间长的一条"船"，中间宽约 7.6 米，面积三四百平方米。而院墙是用硬质板材建成的，硬而有弹性，高 1.5 米左右，一般人扳不动也进不去。更令人赞叹的是，在树的身边还有一个木质围格，那可是"禁卫军"了！有此二者保护，不光人进不去，远远而来的车辆自然也会自觉驶过，相安无事了。

时光飞逝，2010 年至今又已 13 个年头了。车轮滚滚，古树不言，见证着这一切变迁。麻栎树是合肥乡土树种，去年我多次探寻过，西庐寺中上千棵麻栎树与古寺融为一体的场景，卧牛山上几棵麻栎树的高大粗壮，都给我留下了深刻的印象。

不同季节的麻栎树自然有不同的风景、不同的风姿。麻栎树是落叶乔木，此时树叶尽落，能有什么风景？但境由心生，由情而触，未必无景。此刻，我的心情极为舒畅，一切看上去都是那样的美好。特别是天空乌云翻滚，犹如白纸上泼下淡淡的墨云，那是大自然在作画。正是寒冬季节，站在路的正西边，凛冽寒风中端详这棵古麻栎树，发现它像极了一幅芜湖铁画。

你看，正在漂移的低垂的白云，铅青色的天空是绝美的背景，那黑黝黝的树身、粗密的干枝和细密的枝条，就是"铁画"几大元素的化身。铁画树以表现树形、树干为长，树叶似是装衬和点缀。此时此刻的麻栎树岂不是一幅天然的巨型铁画？

这棵麻栎树高 10 多米，树径 60 多厘米，冠径 30 米。整棵大树是三组枝状造型，每一组又由若干枝条组成。树形由下向上蓬松发散，细看枝条末端有截枝的痕迹——那应是护树者的用心保护所留下的。

更令人感到高兴的是，树头竟然有三个鸟窝，黑黝黝的，十分惹眼。正在观赏时，突然一只不知名的小鸟欢唱着飞来，霎时给这冬眠的古树带来了无尽的生机。

古树有灵气，自然迎来无数人竞折腰。在树的正中间"路院"之西，有不少进香者留下的余烬。我在观树时，就有两位来此进香。虽然感觉此举对树生长并无大碍，但进香变成"烧香"，既是对古树的损害，又可能影响交通安全，似应更注意加强管理。

为一棵大树而改变设计线路,同时保持了交通主干道的通畅,这些年类似消息不绝于耳。昨晚上网搜索了一下,网友纷纷点赞长丰对这棵树的保护。有一网友说,有的城市要么砍树,要么变断头路,要么把树挪到中间变成了隐患。现在,既通了公路,又保护了古树,为设计者点赞。回来后,向相关同志要了一张"树船"测绘图,深感它可以载入古树保护和大建设史册。

同时,各地网友纷纷亮出自家的成绩单:

> 到处都有保护大树的,武昌江边有,阅马场靠中南财经大学的门口……
> 这不神秘,北京西站西边有一棵大柳树。高速路让道于树……
> 在我老家赣州市中心文清路交口,也是一棵大榕树,马路给它让道……
> 你到温州看看去,路让树……
> 广东大路中间好多树都是上百年的大树……

但也有一些网友吐槽,反映一些地方做法正好与此相反。

由此联想到,我们的主政者、规建者应该从中思考,在一开始规划时就应考虑到大树,有意避让,远远地划线,而不是只顾路形不顾树命,将线划到树边,将路修到树边,发生碰撞后再来审视,逼着非实行树让路不可。这样的问题应该避免。

不仅如此,有的时候可能要围绕古树去搞规划。规划大师吴良镛在对北京菊儿胡同 41 号院进行改建设计时,就不仅保留院子里原有的两棵古树,而且围绕两棵古树进行设计,周边建筑都围绕着两个古树布局。最终,这个"菊儿胡同"工程获得了"世界人居奖"。

这么一想,我倒以为可以将长丰这棵古麻栎树作为一个示范案例,让更多的人到这棵树边看一看,既是看风景,又是思保护,还有护安全……■

(2023 年元月 23 日)

"亦花亦木"一洞天

"峭壁犹开富贵花。"凡巢湖市民，没有不知道银屏牡丹的。4月3日，一则新闻引起了我的注意：巢湖"千年牡丹"进入最佳观赏期。消息称：今年，"千年牡丹"共有16朵，4月2日已盛开14朵，2朵含苞欲放，开始进入一年一度的最佳观赏期。

在此之前的一次政协古树名木保护视察活动中，古树名木保护专家胡一民告诉我，银屏牡丹前些年已被列入"安徽名木"009号，树龄约为300年。银屏牡丹花——银屏牡丹木？这倒很少听说过。

虽然过去我几次观赏过银屏牡丹花，对此并不陌生，但听到和看到这些，不禁激起我重游银屏山，再睹"花仙子"的强烈兴趣。

"国色天香绝世姿，开逢谷雨得春迟。"谷雨前后三天赏花，这是巢湖人多年的习俗。由于气候变化等原因，赏花季节提前到清明前后。4月8日（周六，清明后第3天、谷雨前第11天）上午，我一早驱车来到久违的银屏山风景区。

浩荡东去的长江之北、烟波浩渺的巢湖东岸，夹育着钟灵毓秀的一大片山林，这就是银屏山区。在这片神奇的土地上，孕育过古代文明，"银山智人"距今16万~20万年；皖江抗日根据地在此创立。

而其主峰则是巢湖市境内第一高峰，海拔约508米。银屏山四周山峦起伏，还"天生一个仙人洞"。洞上悬崖峭壁中，一株野生白牡丹横空出世、楔石而生，每年谷雨前后，花开花谢如约而至。山中谷幽、林密，加上溶洞、奇花，构成一幅优美的图画。银屏山旅游开发始于20世纪八九十年代，后卓然成为一个远近闻名的风景区。

从巢湖市区出发驱车不到半小时，就来到了银屏山风景区。山还是那座山，但更繁茂青翠；路还是那条路，但已修成柏油路。本想起个大早，上午9点多就到，谁知山腰停车场已停满了车。从停车场步行不远即到景区门口，依然是那熟悉的门楼，依然是缓缓而下的坡道，依然是山下洞口前的广场，依然是正对面的峭壁和奇花，一切都是那么自然和熟悉，恍然如梦，时光倒回。

从媒体的报道知，4月2日这儿刚进行了一场"盛世牡丹·国泰民安"牡丹观赏节。站在广场与峭壁之间向东看，新搭的幕景还在。向西望去，一眼便看到傲立在峭壁上的牡丹花。一阵风吹来，像多年未见的老朋友在点头致意。这一切，又显得是那样的自然与亲切。久违了，牡丹"仙子"！别来无恙？

只不过，此时看花，似乎这"花仙子"显得比10多年、20多年前更大些。虽然看不清媒体所报道的"盛开的牡丹吐露着黄色的花蕊"，但绿叶簇拥中的几朵白花肉眼真切可见，用手机拍出来的反而显得模糊。真是奇怪！细一想也不怪。原来过去观花时人潮如涌，人挤人的情况下，对于牡丹仙子只是匆匆一瞥，到此一赏罢了，印象深的还是人挤人、人看人。而今天观花的人相对少了，且能放下匆匆步履，站在悬崖绝壁之前，静静观赏——心远花自大。下方石壁凿刻的张恺帆同志（安徽省政协原主席）手书的"银屏奇花"被描得鲜红。

正是清明之后，春和景明，阳光灿烂。蓝天白云下，悬崖峭壁前，绿色的叶、洁白的花、红色的字，是那样地相映成趣，构成一幅完美的"银屏奇花"山水画。而这幅画长久地盛开在巢湖人的心中，今天再次来到这幅高大的充满山野味的自然山水画前，真有些莫名的激动。

走下台阶，来到洞下广场，仰头向上，感觉花开其上的仙人洞，犹如刀劈般的齐整，更令人惊叹大自然的鬼斧神工。

银屏牡丹花，无数人观赏过，众多文人墨客咏颂过。我一边观赏一边想，我的描述再精彩也超不过这些有灵性的文字。我要写一段什么样的文字，才能对得起峭壁悬崖之上、不畏风霜酷暑、年年岁岁如期而至的"花仙子"？猛然间，我想到胡一民老师所说的话，"银屏牡丹亦花亦树"。那我何不从这入手，还原她的真实面目。

先说银屏牡丹"亦花"。这是最直观的感觉，也是巢湖人民的珍爱。洞口的说明书说得很明白，银屏牡丹有四奇：

一奇历史悠久。距今已有1300多年的花龄。这有争议，姑妄言之。

二奇千年一貌。历经风霜雪雨，不凋不败，不蔓不枝。"株形苍劲古朴，叶片青翠倩丽，花朵洁白高雅"，年年岁岁，如期绽放，宛如同幅画，只是花朵不同而已。

三奇娇贵的"花中之王"长在悬崖石缝中，从没有人为其浇水、施肥、拔草、除虫，但她却每到四月花自发，并且可望而不可即，只"可远观而不可亵玩焉"。

四奇独具气象灵性，可根据花开多少预测当年旱涝情况。尽管有专家通过实证分析，认为此说牵强，但也姑妄听之。因为花香鸟语、草长莺飞，都是大自然的语言。自古以来，物候观测成为农事安排的重要依据。我们不应轻易否定。

这样的传奇性描述，大多巢湖人如数家珍，能说个一二三。

再说银屏牡丹"亦木"。这是从其植物属性来说的。但恰恰这一属性并不为人所熟知，很多人习以为其是花而不知其亦为木，有的乍一听还以为专家弄错了。

其实这是缺乏相关知识所致。

牡丹是芍药科芍药属植物，为多年生落叶灌木。因此，《安徽省名木名录》将其列为名木 009 号。誉名：银屏牡丹；中文名：凤丹；拉丁学名：*Paeonia ostii*。2020 年出版的《安徽古树名木》一书介绍：银屏仙人洞，距离市区 15 千米，其上方 20 多米的悬崖绝壁上，生长着一株白牡丹。树高 2 米，树干丛生，冠幅 1.2 米×1.5 米，树龄约 300 年。

这株牡丹之所以又称凤丹，据胡一民老师介绍，这二者其实是一物。原来凤丹是牡丹的先祖，宋代以前江淮丘陵地区，甚至包括河南、陕西等地的野生凤丹及近缘内群资源丰富。但由于人们长期无节制地采收根皮，又为满足观赏需求而无序引种，明代之后，野生凤丹已少见。

但据《安徽古树名木》介绍：银屏白牡丹系中国野生牡丹中的典型代表，已属濒危且非常珍贵。它是江淮牡丹品种群的野生原种，形成了中国南方组系；安徽巢湖唯一幸存的野生牡丹，对研究中国南方栽培牡丹的起源和悬崖牡丹的生成机理等，都具有十分重要的科学价值。

这一价值认定，得到学界认可。《中国药用植物红皮书》341 页中有这样一段文字："洪德元等经过长期研究认为，目前可以确认的唯一一株野生凤丹位于安徽巢湖银屏山的悬崖绝壁上。"换言之，银屏牡丹可能是中国目前唯一的一株野生凤丹。这真是"竞夸天下无双艳，独立人间第一香"了。

回过头来看，我们过去之所以习惯性地将牡丹看成是花而非树，除了缺少植物学知识外，还可能是因为视觉的影响。在 20 多米高的悬崖上，2 米高的牡丹树在人们的眼里就只能是一朵花了。

现在争议最大的就是这株牡丹的树龄。之所以将其认定为约 300 年，有专家介绍说：

一是牡丹属于灌木，灌木不比乔木寿命长，一般在几十年，超过百年十分罕见，除了巢湖这一株外，安徽至今未发现有超 300 年以上的牡丹。

二是疑为欧阳修的诗暂不能作为其千年历史的依据。有专家考证，虽然欧阳修在滁州任太守并写过《醉翁亭记》，滁州离巢湖也不远，但欧阳修受庐州太守李不疑之邀来此观花不可信。原因是李于 1042 年遇难英年早逝，三年后欧阳修才任滁州太史，时间对不上；而且没有史料证明李曾经在庐州任过太守；更为重要的一点是，《欧阳修全集》中根本就找不到《仙人洞看花》这首诗；并且诗中飘飘欲仙的风格，不符合虽已贬谪滁州但也曾位高权显的欧阳修一贯的诗文风格。

不过，这首诗确实写得不错，姑妄录之：

> 学书学剑未封侯，欲觅仙人作浪游。
>
> 野鹤倦飞为伴侣，岩花含笑足勾留。
>
> 饶他世态云千变，淡我尘心茶半瓯。
>
> 此是南巢招隐地，劳劳谁见一官休。

史料唯一可信的，倒是清道光年间，巢县（今安徽省巢湖市）画家刘钧元有《仙洞牡丹图》传世，似可作树龄的参照。道光年距今约 200 年，考虑到先有树后有画，因此，《安徽古树名木》记录这株牡丹树龄约 300 年。从这一点讲，似乎有些道理。

最后看仙人洞一"洞天"。与峭壁牡丹相映成趣的是仙人洞。传说那是吕洞宾等修炼之所，现在洞内还有一些塑像。其实这只是一个到处都有的神话传说而已。从地质学角度看，据介绍，仙人洞"属于典型的喀斯特地貌溶洞景观。洞中钟乳纷呈，怪石嶙峋，洞中有洞，洞洞相连，宛若地下迷宫"。但据我观察，洞中的钟乳石等远不如附近的紫微洞和无为的泊山洞，应为石灰岩溶洞。走进洞里，可以看出当年开发时人造钟乳石的痕迹过于明显，现在感觉是那么不真实。

不过，仙人洞确实不平常，别有洞天。洞高 20 米，宽 80 米，全长 1200 米，因有前洞、后洞，人们可以前后进出，既可藏人又可藏物，抗战时期发挥了很大作用，是名不虚传的"抗战洞"，至今还留有"藏枪处"等印记。在这里，有很多广为传颂的军民同心抗战的故事。

据记载，1943 年 3 月 7 日，日伪军 9000 余人对新四军七师首脑机关和巢无地区主力部队进行"铁壁合围式"大"扫荡"。万分危急之下，师直独立团迎敌穿插，向西北行进，经一夜行军与拼杀，于 18 日拂晓全部进入银屏区的大小岭及附近山村，山外则被敌人团团包围。曾希圣（新四军七师政委）、傅秋涛和曾山等同志，借着朦胧晨光，悄悄从敌军鼻子底下穿过，由一个老乡带路，进到仙人洞隐藏起来。

18 日夜，独立团分两路实施突围。19 日晚，银屏区委书记李德友得知曾希圣等人未随军突围隐蔽在仙人洞时，感觉十分危险，当即派几名民兵上山，从山洞顶部入口爬进去，将曾希圣等人带出山洞冲下山，潜伏在巢湖边区指挥反"扫荡"……

这一段历史记载在《曾希圣传》等党史著述中，展现在洞前新四军七师抗战事迹展板上。只是在洞中尚无这藏身之处的介绍，若有，一定会增添仙人洞的历史价值。

银屏牡丹是巢湖人民的珍宝，前些年自然也成为对外宣传、招商引资的媒介。自1986年举办第一届观花节（1997年改称为牡丹观赏节）以来，已历经37年，现在一切归于平和。这看似少了些喧闹，却正是理性和成熟的表现。我注意到，这届观赏节是由巢湖市文化和旅游局、巢湖市散兵镇人民政府指导，巢湖市旅游开发总公司主办的。也就是说，这届花展充其量是乡镇、科局级的层次。但正是这一级别的定位，我看到了未来办展的可持续性；更欣慰的是，我留意来此赏花的人多是当地的中青年，老人也不少，虽然门票60元，但依然人头攒动，可见银屏奇花持续的魅力和巢湖人民的钟爱。

花开银屏，洞蕴烟云。年复一年，游人如约而至，看的就是四季轮回、花开花落。至于这人见人爱的"花仙子"到底芳龄几何，能否预测当年的气象水旱，大多数人并不当真，付之一笑罢了。也许这些疑问只有留给时间，最终让科技来说话了。我们大可不必争个面红耳赤，也不必将话题上升到是否损害巢湖人民情感的高度。

可能正因如此，一生力行实事求是思想路线的巢湖地区和安徽人民的老领导、新四军老战士张恺帆，才在悬崖峭壁前、牡丹仙子下，留下"银屏奇花"这四个大字。■

（2023年4月14日）